# 日本の「水」が危ない

六辻彰二
*Mutsuji Shoji*



ベスト新書
601

# はじめに

「日本の水道が危ない」というと「何を大げさな」と笑う人もあるかもしれない。「不安を煽るのは無責任だ」と息巻く人もあるかもしれない。何も思わない人もあるかもしれない。

しかし、２０１８年11月に国会で成立した水道法改正案は、「安全で安い」水道を危うくしかねず、日本に暮らす全ての人が無関係ではいられない。

この改正案の、何が危ういのか。それは改正水道法が、水道事業への民間企業の参入を想定していることだ。

もともと日本の水道サービスは、世界屈指の高いレベルにある。国土交通省の２００４年の「日本の水資源」によると、国土全体で水道水を飲める国は世界全体で13カ国にすぎず、日本はその一国だ。つまり、日本の「安全で安い水」は、世界レベルでみれば希少価値の高いものでさえある。

ただし、多くの人は気づいていないが、水道事業の経営は存続すら危ぶまれるほど厳し

## 水道水をそのまま飲める国・都市は15カ国・都市

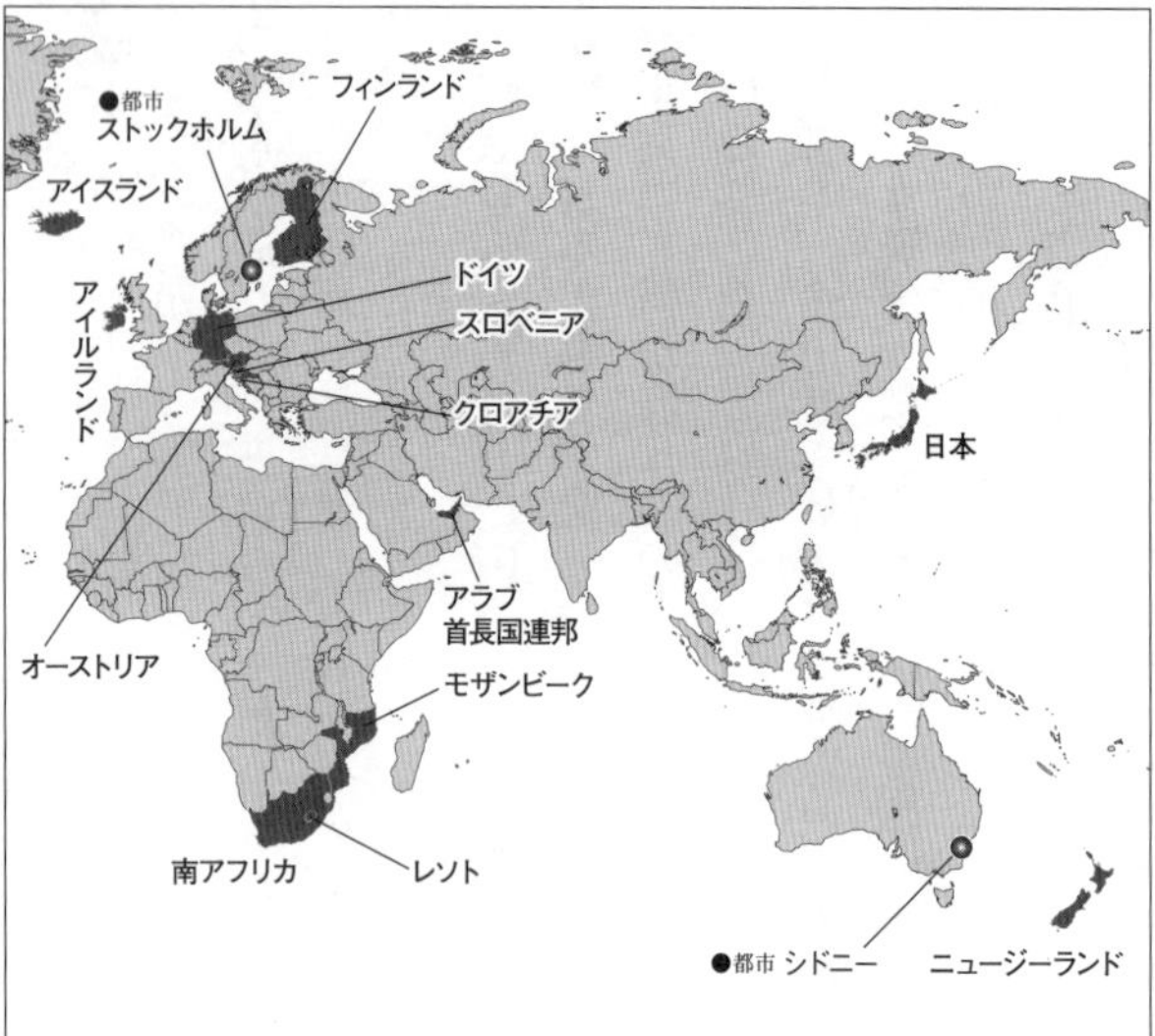


**国**　日本・アイスランド・アイルランド・オーストリア・フィンランド・ドイツ・スロベニア・クロアチア・アラブ首長国連邦・モザンビーク・南アフリカ・レソト・ニュージーランド

**都市**　ストックホルム・シドニー

出所＝国土交通省『平成16年版「日本の水資源」』より作成

い状態にある。そのため、政府は「効率的な経営」を掲げ、水道事業に民間企業の参入を促すことで、公的な負担を減らすことができると強調している。これは、いわば利用者や自治体にとってのメリットを最大限に強調する論理だ。

　とはいえ、電気、鉄道、電話など、これまでに民営化された公共サービスと比べても、水道事業は人間の生命に直結するもので、ここに民間参入を認めることは、いわば劇薬だ。水道事業への民間参入は世界各地で先行しているが、その多くの事例で水質が悪化して水を飲めなくなったり、料金が高騰して水道サービスを受けられない人が出たりする弊害が多発している。民間事業者の経営は、政府や推進派が力説するような魔法の杖ではない。

それにもかかわらず、なぜ多くの国で水道事業への民間参入が止まらないのか。一言で言えば、水道が新たなビジネスチャンスになっているからだ。

日本人が「安くて安全な水」を謳歌していた間に、世界では水への関心が高まってきた。世界有数の証券会社ゴールドマンサックスは2008年、有望な投資対象としての水を「21世紀の石油」と表現した。水に利益を見出す巨大企業が数多くあるため、問題が発生しても、政治や行政による是正が難しい。つまり、人間にとって不可欠な資源である水が「商品」として扱われる国では、水道事業が巨大企業の儲け口にされているのである。

改正水道法は、世界の情勢からほとんど隔絶していた日本を、こうした水ビジネスにさらすものだ。しかし、これに関する利用者の関心は、決して高くない。その大きな原因の一つは、情報不足にあるのかもしれない。実際、日本でも一部の研究者が以前から水ビジネスの問題を指摘し、関連書も出版されていたが、広く認知されてきたとは言いにくい。言い換えると、多くの国民がほとんど関心も知識もない間に、改正水道法はスムーズに成立したともいえる。

本書は、これに対する危機感のもとに著された。水道法が改正されても、それで自動的に水道事業が民間企業に委託されるわけではない。民間参入を認めるか、認めないかの決定権は自治体にあり、改正水道法はそれを法的に可能にしたにすぎない。それでは、実際に自治体が水道事業への民間参入を認めた場合、どんな影響があるのか。本書を、人間にとって欠かせない水を改めて見直し、読者が暮らす自治体の「水道民営化」について考える参考にしていただければ幸いである。

なお、公共サービスへの民間参入にはさまざまな形態があり、それらの全てがＪＲやＮＴＴなどのような完全な民営化ではないが、本書では便宜上、水道事業を民間企業に委託する全ての手法の総称として「水道民営化」と表記することとする。

## ◆目次

第1章

# なぜ、いま「水道法改正」なのか

## 水道法改正の大義

### 火の車の水道事業

当たり前のように蛇口から出てくる水が、大きな転機を迎えている。2018年の第196回臨時国会では重要法案がいくつも可決されたが、なかでも水道法改正案（正式名「水道法の一部を改正する法律案」）は上水道を含む水道事業への民間企業の参入を加速させるもので、公営が当たり前だった水道は、これによって新たな時代に入った。

なぜ、水道事業に民間参入が認められたのか。どこにその必要があったというのか。あるいは、それによって利用者にはどんなメリットが期待されているのか。

これらを考えるとき、まず大前提にあるのは、日本の水道を取り巻く厳しい環境だ。近年では水道管などの設備の老朽化が進んでいて、橋や道路などその他のインフラと同じく、メンテナンス費用が膨らんでいる。そのうえ、台風や地震などの自然災害の多発で、復旧のために工事が必要なことも増えている。

それにもかかわらず、必要な資金は年々減り続けている。厚生労働省によると、199

## 日本の水道使用量の推移と予測

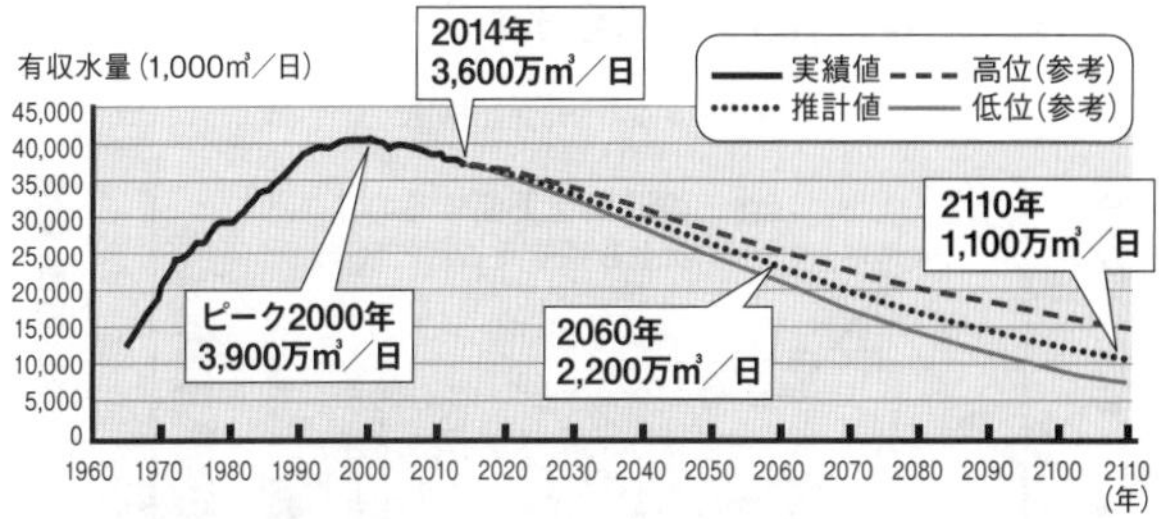


**2060年には2014年の61％まで減少。 2110年には2014年の31％まで減少。**

【推計方法】
①給水人口：日本の将来推計人口に上水道普及率（H26実績94.3％）を乗じて算出した。
②有収水量：家庭用と家庭用以外に分類して推計した。 家庭用有収水量＝家庭用原単位×給水人口
家庭用以外有収水量は、今後の景気の動向や地下水利用専用水道等の動向を把握することが困難であることから、家庭用有収水量の推移に準じて推移するものと考え、家庭用有収水量の比率（0.312）で設定した。

出所＝平成29年度　第一回官民連携推進協議会（東京）資料
「水道法改正に向けて～水道行政の現状と今後のあり方～」より作成

８年に１兆８０００億円を超えていた水道事業における投資額は、２０１３年には約１兆円にまで落ち込んだ。

なぜ、必要な資金を投入できないのか。

そこには、水道の使用量と水道料金の仕組みが関係している。

少子高齢化が進むなか、水道の使用量は減り続けている。厚生労働省によると、水道使用量は２０００年の一日３９００万㎥から、２０１４年には３６００万㎥に減少しており、このペースでいけば２０６０年には２２００万㎥にまで落ち込むと推計される。ところが、上水道の水道料金と下水道使用料は独立採算が原則で、水道使用量が減れば減るほど、各世帯の負担額は増加

## 水道管の経年化(老朽化)と管路更新率の推移(全国平均)

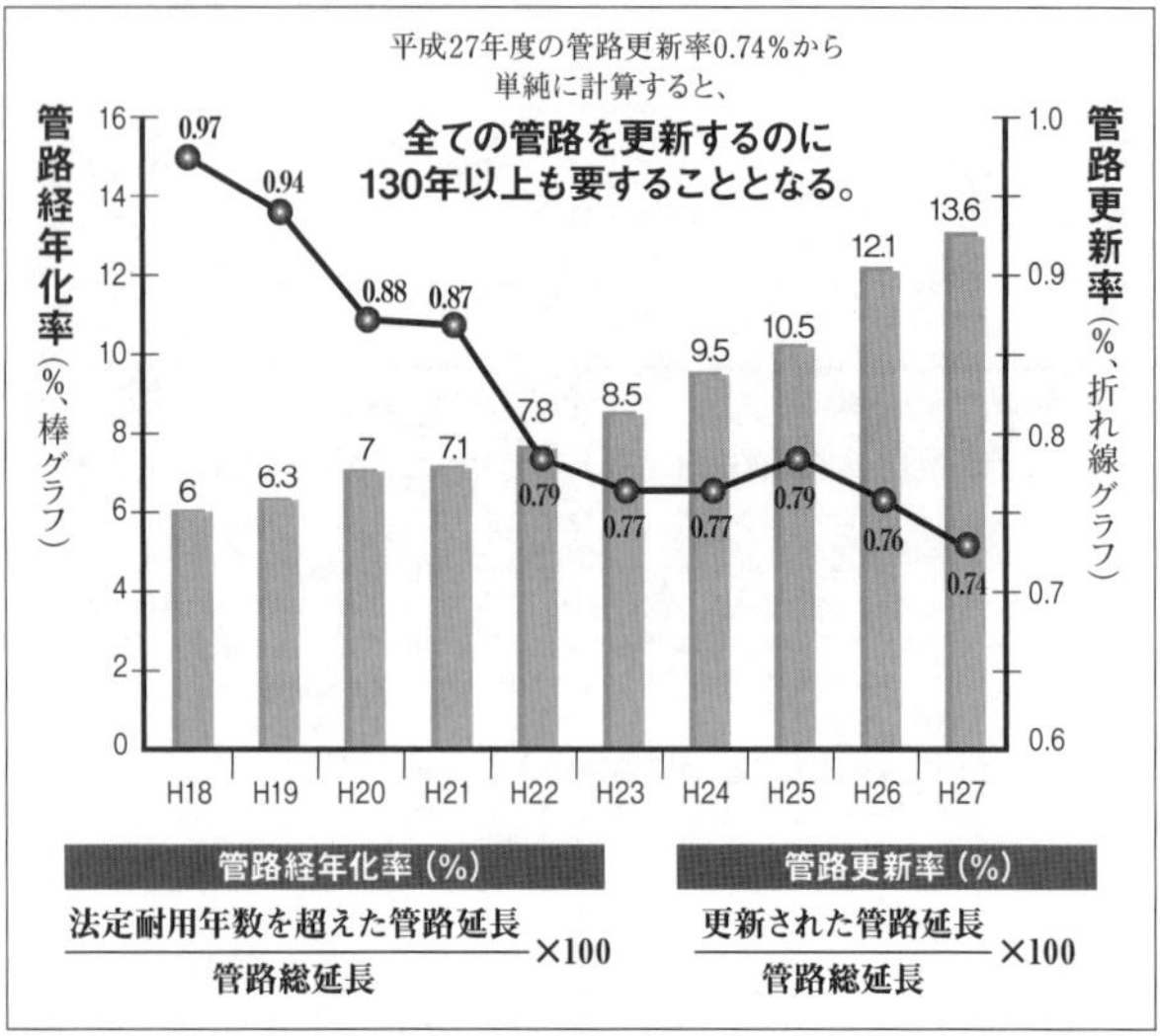


出所＝平成29年度　第一回官民連携推進協議会（東京）資料
「水道法改正に向けて～水道行政の現状と今後のあり方～」より作成

することになる。そのため、水道法改正の前から各地で水道料金が引き上げられてきたが、それでもメンテナンスや災害地での復旧のための資金は十分ではないのだ。

　これに加えて、水道職員の不足も深刻化している。就職氷河期から採用を絞り込んだ結果、40代未満の水道職員が不足している一方、２０００年代半ばには団塊世代の大量退職の時期を迎えた。その結果、最盛期の１９８０年代前半に約７万５０００人いた全国の水道職員は、２

000年代半ばには6万人を割り込み、約20年間で20%近く減少したのだ。

こうした厳しい状況のなか、水道事業の存続を図る起死回生の一手として政府が打ち出したのが、民間企業の資金、人材、ノウハウの投入だった。つまり、民間の資金や人材を活用することで公的機関の不足を補え、コスト意識の高い民間企業による公営より効率的な運営でムダを減らせるというのだ。政府によると、それによって利用者にも質の高いサービスが提供できるという。

## 改正水道法のポイント

それでは、政府が水道事業を存続させるために打ち出した2018年改正水道法の内容をみてみよう。原文はかなり長大なので、ここでは衆議院厚生労働委員会の資料で示される8つのポイントをあげる。

一　都道府県は、その区域の自然的社会的諸条件に応じて、その区域内における市町村の区域を超えた広域的な水道事業者等の間の連携等の推進その他の水道の基盤の強化に関する施策を策定し、及びこれを実施するよう努めなければならない。

二　厚生労働大臣は、水道の基盤を強化するための基本的な方針（以下「基本方針」という。）を定めるものとする。都道府県は、基本方針に基づき、水道基盤強化計画を定めることができる。

三　都道府県は、市町村の区域を超えた広域的な水道事業者等の間の連携等の推進に関し必要な協議を行うため、当該都道府県が定める区域において広域的連携等推進協議会を組織することができる。

四　水道事業者は、厚生労働省令で定める基準に従い、水道施設を良好な状態に保つため、その維持及び修繕をしなければならない。また、水道事業者は、水道施設の台帳を作成し、保管しなければならない。

五　水道事業者は、長期的な観点から、給水区域における一般の水の需要に鑑み、水道施設の計画的な更新に努めなければならない。また、水道事業者は、水道施設の更新に要する費用を含むその事業に係る収支の見通しを作成し、これを公表するよう努めなければならない。

六　地方公共団体である水道事業者は、民間資金等の活用による公共施設等の整備等の促進に関する法律第十九条第一項の規定により水道施設運営等事業に係る公共施設等運営権を設定しようとするときは、あらかじめ、厚生労働大臣の許可を受けなければならない。

七　指定給水装置工事事業者の指定は、五年ごとにその更新を受けなければ、その期間の経過によって、その効力を失う。

八　この法律は、一部を除き、公布の日から起算して一年を超えない範囲内において政令で定める日から施行する。

## 民間参入の前提としての広域化

以上のうち、キーワードになるのは「広域化」だ。

これまで水道事業は基本的に、市町村ごとに運営されてきた。しかし、それは水道事業が全国で細分化されていることを意味する。

小泉純一郎政権（２００１〜２００６年）のもとで進められた市町村合併、いわゆる平成の大合併は、自治体の大規模化によって財政力を強化し、ばらばらに行われていたごみ処理など公共サービスを共有して効率化することを大きな目的とした。ただし、この大合併で市町村の数は２００２年４月の３２１８から２００６年３月には１８２１にまで減少

全国の広域連携の検討に向けた
協議会などの設置状況
平成29年4月現在、26道府県で協議会などの組織が設置されている。また、東京都を除く全ての道府県において、検討体制は設置されている。

出所＝国土交通省「国土交通省のPPP/PFIへの取組みと案件形成の推進」より
＊色がついている自治体では協議会などの組織が設置されている

したものの、それでも人口が１万人以下の自治体は２０１５年12月現在、全国で５１２にのぼる（国勢調査）。

これらの小規模な自治体ほど、水道事業の存続が危ぶまれる。とりわけ過疎化の進む市町村ほど、財政力や人員が先細りしやすく、さらに隣家との距離が数百メートルもあるような土地では、水道管の敷設などにかかるコストが割高になりやすいからだ。

２０１８年改正水道法で打ち出された広域化は、特にこうした小規模な自治体の水道事業を存続させるためのアイデアで、スケールメリットによる効率化を重視する点で平成の大合併に通じる。つまり、自治体がそれぞれ行っていた水道の設備投資やメンテナンスを、都道府県が設置する広域的連携等推進協議会のもと市町村を超えて行うことで、設備や業務の重複などが削減され、水道事業が効率的・効果的に運営されると期待されるのだ。厚生労働省によると、2017年4月段階で、すでに26道府県で広域連携に向けた協議会などを設置しており、2018年改正水道法はこれを後押しするものだ。

ところで、2018年改正水道法での広域化は、民間企業の参入も念頭に置いている。改正水道法によると、自治体から委託された水道事業者は水道施設のメンテナンスや修理、施設の更新、水道台帳の作成などの業務を行えるが、民間企業の参入を促す以上、ビジネスとして成り立つ必要がある。水道事業を行う区画が細切れに分断されていると市場としての魅力が乏しくなりやすいため、ある程度の規模を確保しなければ、民間企業にとって参入のハードルが高い。要するに、水道事業の広域化は、民間企業に参入を促しやすい条件でもあるのだ。

## 赤字の公共サービスを存続させる方法

ただし、民間参入を促すとはいえ、2018年改正水道法で想定されているのは、かつての国鉄や電電公社の民営化とは異なる。

PPP（官民連携）のイメージ図

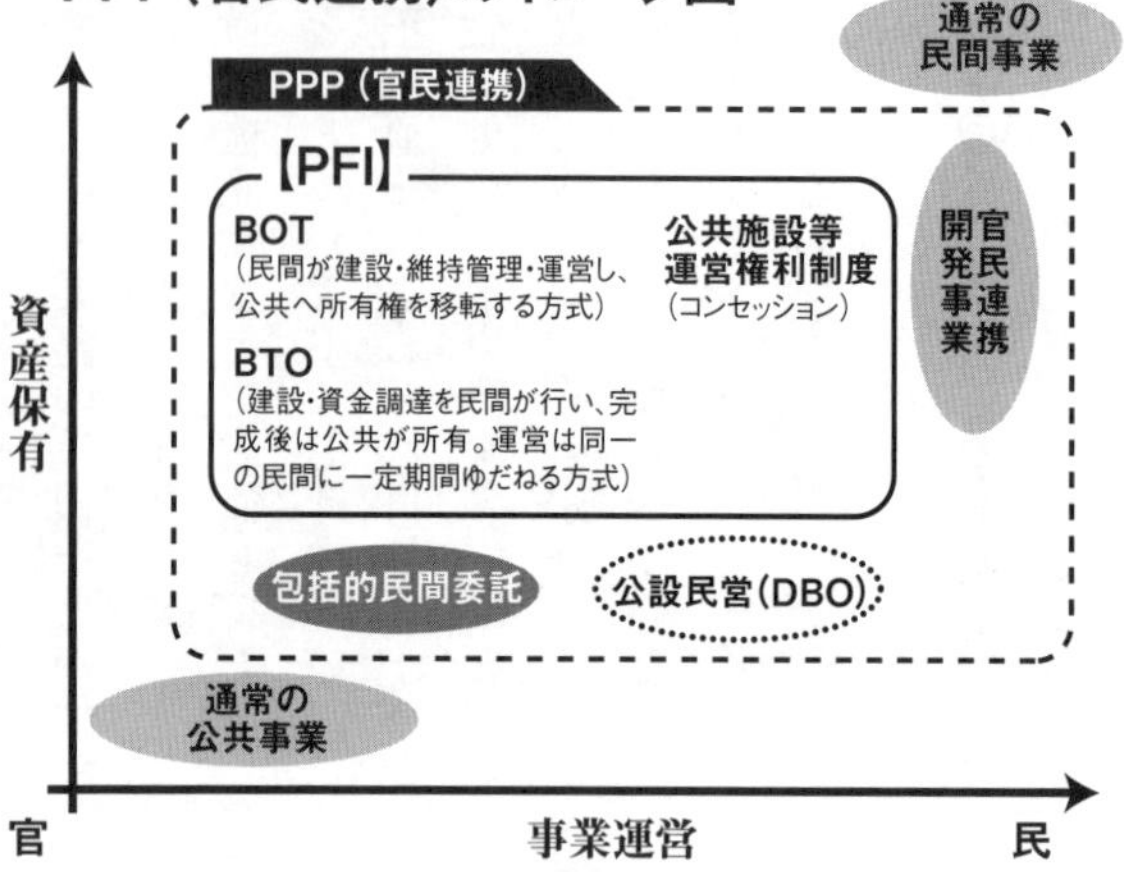


出所＝国土交通省「国土交通省のPPP/PFIへの取組みと案件形成の推進」より

国鉄や電電公社の場合、経営権だけでなく、施設などの所有権も民間企業に譲渡された。これに対して、2018年改正水道法では、施設などの所有権を公的機関に、経営権を民間企業に、それぞれ認める公共施設等運営権制度（コンセッション方式）が適用される。コンセッション方式では公的機関と民間企業がいわばオーナーとマネージャーの関係になり、これまでに水道事業以外でも、赤字経営が慢性化していた仙台空港などで実施されてきた。

　コンセッション方式の特徴を理解するため、公共サービスに民間企業が参入する他の仕組みと比較してみよう。

　公共サービスは公営が原則だが、赤字体

質で財政赤字が大きくなったり、ニーズの高まりに公的機関が追い付けなかったりすることも珍しくない。これらへの対応としては、公営を維持しながら特定部門を独立させて効率化を目指すエージェンシー化（独立行政法人の設置など）や、国鉄や電電公社で行われた完全な民営化などがある。

しかし、公営と民営の中間には、パブリック・プライベート・パートナーシップ（ＰＰＰ）と呼ばれる手法がある。ＰＰＰは「官民連携」あるいは「公民連携」と訳され、公的機関と民間企業が役割分担して公共サービスを提供する仕組みを指す。そこでは、同じコストをかけるにしても、民間企業の参入によってより効率よく事業を行うことで、サービスの価値を高めることが目指される。「支払いに対するサービスの価値」をヴァリュー・フォー・マネー（ＶＦＭ）と呼び、このＶＦＭを最大化することがＰＰＰの大きな目的の一つだ。

この考え方に基づくＰＰＰは、業務の内容、所有権や経営権のあり方、新規事業か継続事業かなどにより、細かく分類される。

ＰＰＰのうち公営に最も近いのは、部分的業務委託と呼ばれる仕組みだ。これは業務のうち中核的な業務（コア業務と呼ばれる）ではない一部だけを民間企業に委ねるもので、水道事業では料金徴収などがこれにあたる。次に、より幅広い業務を一括で委託する方式として包括的業務委託がある。水道の場合、浄水場の設置・運営などが含まれるが、全体をパッケージで委託するため、施設運営、修繕、料金徴収など業務ごとに個別に入札する手間がかからない。さらに、これら二つは契約期間でも差があり、部分的業務委託に単年度契約が多いのに対して、包括的業務委託では3~5年が一般的だ。

## 民間企業の創意工夫を促す仕組み

ただし、これらの手法では、コスト削減の効果が限定的になりやすい。それは発注の仕方に理由がある。

公的機関が民間企業に委託する場合、業務の手順や内容なども指定する「仕様発注」と、サービスの最低限の質だけを規定する「性能発注」がある。手法に制約がない性能発注の方が企業にとって創意工夫を発揮しやすく、民間委託によるコスト削減の効果があがりやすい。そのため、包括的民間委託でも性能発注が原則になっている。

ところが、実際には仕様発注で入札が行われることも少なくない。包括的業務委託の経営主体はあくまで公的機関で、民間企業はその「下請け」に近く、問題が発生した場合に責任を問われるのは公的機関だからだ。そのため、特に日本では、公的機関が性能発注に熱心ではない。

しかし、民間委託によるコスト削減の効果を優先させる立場からは、事業者の自由度を高めることが求められてきた。これを重視した手法として、デザイン・ビルド・オペレート（ＤＢＯ）方式がある。ＤＢＯは公的な設備の全部あるいは一部を新設する場合に、公的機関が起債や交付金などで資金を調達し、施設の設計・建設、運営などを民間企業に包括的に委託する方式で、「公設民営」と呼ばれる。

ＤＢＯでは性能発注に基づく10～30年の長期契約が一般的で、短期間で個別の業務ごとに入札を繰り返すことによるコストを削減する効果も期待される。ただし、新規事業がほとんどで継続事業には少ないうえ、基本的に公的資金が投入されるため、公的機関からみれば財政負担は小さくなく、民間企業からみれば柔軟な資金運用が難しい。

そこで、民間の技術・人員だけでなく資金も活用する仕組みとして、プライベート・ファイナンス・イニシアティブ（ＰＦＩ）がある。ＰＦＩにはさまざまなタイプがあるが、従来の公共事業と異なり、民間事業者が投資や融資などで資金調達も行う点に大きな特徴がある。公的機関にとっては財政的な負担が軽くなり、それと引き換えに民間企業は性能

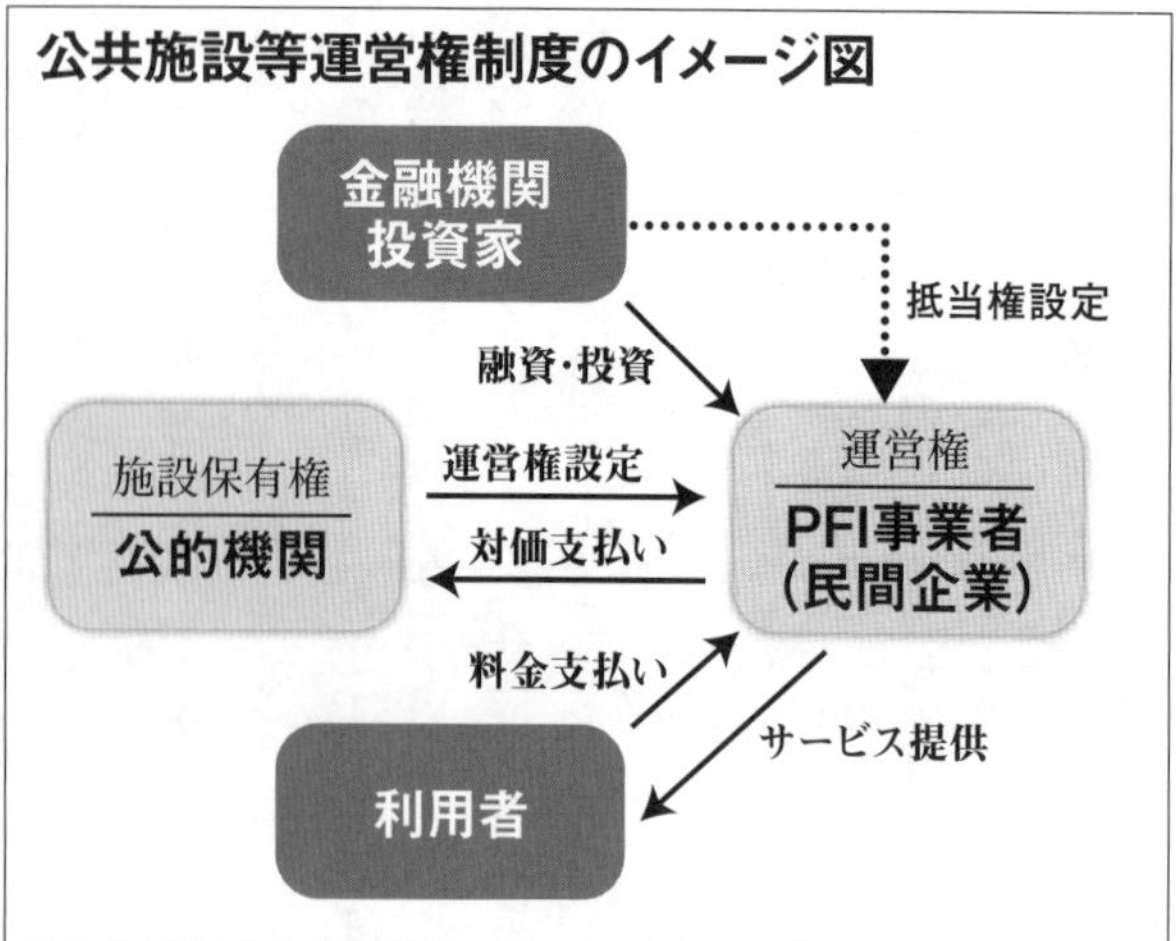

出所＝国土交通省「国土交通省のPPP/PFIへの取組みと案件形成の推進」より作成

発注に基づく経営の主体として、大きな裁量が認められる。契約が20年前後の長期間であることも手伝って、ＰＦＩにはコスト削減の効果が大きいといわれる。

## コンセッション方式とは

このＰＦＩの一種として、２０１８年改正水道法で想定されているコンセッション方式がある。コンセッション方式はＰＦＩのなかでも、とりわけ民間事業者の裁量の余地と責任が大きい仕組みだ。

基本的にＰＦＩでは公的機関が施設などの所有権を握り、民間企業に経営権が認められるが、コンセッション方式ではこれに加えて、委託された事業者が公的機関に対価を支払い、公共サービスを提供し、利用者から料金を徴収することになる。対価を受け取れるので、公的機関は施設からの収益を早期に回収できる。

それと引き換えに、民間事業者には公的設備の経営権を独立した財産権として扱うことが認められ、事業者はこれを担保に金融機関や投資家から資金を調達できる。そのため、事業者にとっては柔軟な資金運用が可能になる。ただし、仮に経営が行き詰まった場合には、出資者に抵当権が発生する。したがって、民間事業者の責任も大きい。

ちなみに、2011年の改正PFI法で下水道にはすでにコンセッション方式が導入されており、2018年改正水道法の対象は上水道である。下水道でのコンセッション方式は2018年4月から静岡県浜松市で第1号がスタートしているが、これに関しては第3章で詳しく取り上げる。

ともあれ、コンセッション方式は他のPFI以上に民間事業者に高い独立性と大きな責任を認める仕組みで、そこには「民間企業の自由な活動によって経営が効率化され、質の高いサービスが提供できる」という発想が鮮明といえる。

## 「水道民営化」に向けた世界の潮流

### 新自由主義の台頭

２０１８年改正水道法で促されるコンセッション方式の導入は、世界全体の潮流と無関係ではなく、多くの国では「水道民営化」は新しいテーマではない。ここで、水道事業への民間参入が各国でどのように始まったかをみておこう。

古来、水は飲料など生活用水としてはもちろん、農業、工業などに不可欠な資源でもあるため、国家が直接管理したり、共同体で管理したりすることが一般的だった。古代ローマの遺跡に残される水道は、水の支配が人間の支配につながるというローマ皇帝の意思を感じさせる。また、近代以前の日本では、河川などが基本的に共同体によって管理されることが多く、水の利用をめぐる村同士の衝突も珍しくなかった。

ところが、資本主義経済が発達した19世紀までに、欧米諸国では民間企業による水道経営が普及していった。記録によると、１８２０年にはロンドンで6社が操業していた。連邦政府の権限が小さく、民間が公共サービスを提供せざるを得なかった開拓時代のアメリカではこれがさらに目立ち、１８５０年には約60％の水道が民間事業者によって運営されていた。当時、都市に人口が集中し始め、衛生環境の悪さからコレラなどが頻繁に発生していたことが、安全な飲料水や下水処理のニーズを高めていた。欧米諸国では、水ビジネスに古い歴史があるのだ。

ただし、19世紀後半から20世紀初頭にかけて、水道は公営が主流となった。これは当時、普通選挙が普及し、所得の低い労働者階級も発言力を高めたことを背景に、各国で社会保障、教育、公共事業などに政府が積極的に関与する「福祉国家化」が進んだことに連動していた。その結果、欧米諸国の水道事業に占める民間企業のシェアは総じて縮小し、例えばアメリカでは１９２４年段階で約30％にまで下落していた。福祉国家化が本格化した第二次世界大戦後、水道の公営化はさらに普及した。

しかし、この波は１９８０年代に逆流し始め、再び水道事業への民間参入が加速していった。その転機は１９７０年代の二度の石油危機にあった。戦後、先進国で一貫して進んだ経済成長は原油価格の高騰によってブレーキがかかり、それまで大きな問題とみられていなかった財政赤字への警戒感が広がり、税金の負担感が増すなか、各国で「福祉国家化」への見直しが議論され始めたのだ。

このなかで台頭したのが、「小さな政府」と規制緩和を旗印とする新自由主義だった。新自由主義は市場メカニズムへの信頼が厚く、政府が経済に関与することを非効率の温床とみる。また、個人の「選択の自由」を重視し、その裏返しとして自己責任を強調する点にも特徴がある。この立場からすれば、国家による公共サービスの独占は、非効率的なサービスを利用者に強いるだけでなく、個人の選択権を奪うものと映る。

新自由主義の色彩が特に強かったのが、1979年にイギリスで初めて女性として首相に就任したマーガレット・サッチャーによる改革だった。それまで「ゆりかごから墓場まで」といわれたイギリスの手厚い社会保障が改革され、国鉄民営化やエージェンシー化をともなう中央省庁の再編が推し進められた他、サッチャー政権後のイギリスでは現代に通じるPPPやPFIの手法の多くが開発された。その結果、世界銀行の統計によると、イギリスでは1982年に6・6%だったGDPに占める公共セクターの割合が、1991年には1・9%にまで下落した。

この背景のもと、1989年にサッチャー政権は水道事業の民間委託にも着手し、これによって全国（イングランドとウェールズのみ）の上下水道事業が分割され、民間企業がこれを担う体制ができた。これらの改革の影響はイギリス国内にとどまらず、それに触発されるように、やはり財政難に直面していた多くの先進国で、1980年代から1990年代にかけてコンセッション方式を含む水道事業への民間参入が進んだのである。

## ワシントン・コンセンサスの衝撃

欧米諸国で生まれた「水道民営化」の波は、やがて欧米以外にも及び始めた。

もともと19世紀の段階ですでに、欧米諸国で進んでいた民間企業による水道運営は、帝国主義の時代背景のもと、世界各地に広がっていた。特に、欧米諸国の水道事業が公営中心になった19世紀末頃から水企業は海外に活路を求め始め、例えばエジプトでは1865年にフランス資本により設立されたカイロ・ウォーターによってカイロの水道普及が進められ、アルゼンチンでは1887年にイギリス資本ベイトマン・パーソンズ・アンド・ベイトマンがブエノスアイレス下水道の設置・運営権を得ている。

しかし、こうした水ビジネスは20世紀に入って縮小していった。先進国で「福祉国家化」が進むのと並行して、開発途上国でも水道事業の公営化が一般的になったのだ。そこには、独立したてでナショナリズムの高まっていた各国で、外国企業に水を握られることへの警戒感と反感があったことも見逃せない。

ところが、「水道民営化」の波は1980年代に再び開発途上国に押し寄せ始めた。そこには、先進国と同じく、石油危機をきっかけに深刻な財政赤字が表面化したことがあった。とりわけ、ラテンアメリカやアフリカの各国は、財政赤字を穴埋めするために先進国の金融機関からの借り入れを増やしたが、これを返済できなかったことで、借金が雪だるま式に膨れ上がっていたのだ。

この背景のもと、国際連合加盟国への資金協力を行う国際通貨基金（ＩＭＦ）と世界銀行が多重債務に苦しむ国の救済に乗り出したが、これらの機関は融資の前提条件として、相手国に規制緩和や「小さな政府」に沿った改革を求めた。ＩＭＦや世界銀行が描いたシナリオを簡単にまとめれば、「硬直化した公共セクターの規制緩和は民間企業を活性化させ、経済成長をもたらすだけでなく、政府の財政負担も減らす。これによって、債務の返済が可能になる」というものだった。そこには、市場メカニズムを疑わない新自由主義的な発想が色濃くみられる。

ＩＭＦと世界銀行は国連の一部で、その資金運用は世界全体に大きな影響力をもつが、資金の大半を出資する先進国の発言力が大きく、なかでも最大の出資国アメリカの意向が強く反映される。そのため、当時すでに先進国で高まりつつあった新自由主義の考え方が

ＩＭＦや世界銀行の方針に作用したことは不思議ではない。ＩＭＦと世界銀行の本部はアメリカの首都ワシントンＤ.Ｃ.にあることから、この三者による方針は「ワシントン・コンセンサス」と呼ばれる。

ワシントン・コンセンサスの影響力は、１９８９年の東西冷戦終結によって、さらに強まった。ソビエト連邦という対抗馬があった時代、西側先進国は開発途上国が東側陣営に接近することを恐れ、反発が大きい改革の要求を控えざるを得なかった。しかし、冷戦が終結し、さらに国境を越えた投資が当たり前のグローバル化の時代を迎えたことで、開発途上国は政治的にデリケートな問題になりやすい「水道民営化」も求められるようになったのである。

その結果、開発途上国での水ビジネスは１９９０年代に一気に加速した。例えば、ラテンアメリカだけでも、１９９０年から２００６年までの間の水道事業への民間参入の案件は少なくとも１６３件にのぼり、このうちコンセッション方式は１０１件を占めた（経済協力開発機構【ＯＥＣＤ】）。その多くは、当然のように古い歴史と豊かな財源・ノウハウをもつ欧米の水企業によって落札された。こうして、欧米諸国に規制緩和を求められた開発途上国に、欧米の水企業が進出する構図ができたのである。

## 争点としての水ビジネス

1990年代の世界では、世界全体で水道事業への民間参入が進んだだけでなく、ボトル詰めウォーターの市場も急速に拡大した。その結果、水ビジネスは急速に拡大し、コンサルティング会社フロスト・アンド・サリバンによると、2018年段階でその全世界での市場規模は6959億ドル（約70兆円）にのぼる。このうち、およそ3分の2が水道事業のものとみられている。

水ビジネスが拡大するにつれ、その取り引きに関するグローバルな制度やルールの整備も進められた。その動きの中心には、巨大な水企業の姿があった。

詳しくは第4章で取り上げるが、水ビジネスの長い歴史をもつ欧米諸国には、水道経営を請け負うフランスのヴェオリアやスエズ、イギリスのテムズ・ウォーターの他、水処理機器で世界市場の大きなシェアを握るアメリカのゼネラル・エレクトリックなど、巨大な水企業が軒を並べている。これらに加えて、スイスのネスレやアメリカのペプシなどの食品・飲料メーカーはボトル詰めウォーターを扱っている。これらの水企業は、グローバル化が進む世界で、水に関する投資や貿易の規制緩和を各国政府に働きかけてきた。

その国際的なロビー活動の大きな舞台としては、世界貿易機関（WTO）があげられる。

1995年に発足したWTOは世界全体の自由貿易を管理する国際機関だが、その守備範囲は工業製品だけでなく農産物からサービス貿易にまで広がり、さらに知的所有権の保護や環境規制など、貿易に関するあらゆる領域をカバーする。その権限の大きさと対象領域の広さは、グローバル化の一つの象徴とさえいえるが、WTOの商品取り引きのカテゴリーにはボトル詰めウォーターが含まれ、サービス貿易の約160種のなかには「環境サービス」の一つとして水道事業も含まれている。

WTOのルールのほとんどはアメリカと欧州連合（EU）の間の調整を軸に成立したが、ここでルールとして合法化されたことで、国際的な水ビジネスが正当な取り引きとしてお墨付きを得たことになる。巨大な水企業が欧米諸国の政府に働きかけたことは、水に関する投資や貿易を認める国際的な体制ができることを後押ししたのである。

ただし、水は農業をはじめとする産業、健康・衛生、自然環境などにも幅広くかかわるため、これを「商品」として扱うことに消極的な意見も早くからある。後述するように、水道事業に民間参入が認められた国では、価格が高騰して利用者の負担が大きくなったり、水質が悪化したりしたケースが目立つ。また、ボトル詰めウォーターを販売するため地下水を大量に汲み上げた結果、土壌が劣化したケースも少なくない。そのため、水ビジネスにかかわる企業とこれに反対する人々の対立は１９９０年代から表面化してきたが、その舞台となってきたのが世界水フォーラムだ。

世界水フォーラムは国際ＮＧＯ世界水会議によって運営され、水に関連する幅広い問題を国際的に検討するために１９９７年から3年おきに会合を開いてきた。ここでは、干ばつなどの災害対策に関する議論は一定の進展がみられるものの、水ビジネスに関しては事情が異なる。水企業が「ビジネスを通じた社会問題の解決」の有効性を強調するのに対して、貧困問題や環境保護の問題に取り組んできたＮＧＯの多くは「水の『商品化』が人々の生活や自然環境を破壊してきた」と主張し、議論が平行線をたどってきたからだ。その結果、地球温暖化をはじめ、森林保護や砂漠化、ごみ問題などで世界的な条約が結ばれているなか、水資源の保護に関する世界的な取り決めは実現していない。

多くの日本人が「安くて安全な水」を当たり前と思って過ごしてきた間に、世界では水をめぐる対立が深刻化してきたのである。

## 改正水道法は何が問題か

### 世界に逆行する「水道民営化」

このように海外では「水道民営化」が深刻な対立を引き起こしてきたのだが、世界の潮流からみれば周回遅れとさえ呼べる2018年改正水道法にも、大きく三つの問題が見受けられる。

第一に、法改正にあたって、民間参入にともなうリスクが国民にほとんど説明されていないことだ。コンセッション方式の導入を推進した政府は、「水道の危機」と「民間企業の効率的な経営」を金科玉条のようにかざす一方、「水道民営化」の先進地で多かれ少なかれ問題が発生してきたことには口をつぐんできた。

「民間企業の失敗」は主に、安全と料金があげられる。このうち、安全面での問題をあげると、コスト削減を重視する民間企業の運営によって安全対策がおろそかになり、水質が悪化するケースは数多く報告されており、PPP発祥の地イギリスの首都ロンドンでは、1990年代に赤痢患者が急増した。最近では2018年12月、イギリス南西部のコッツ

## 2000年から2014年の間に水道および下水道事業を再公営化した国別自治体数

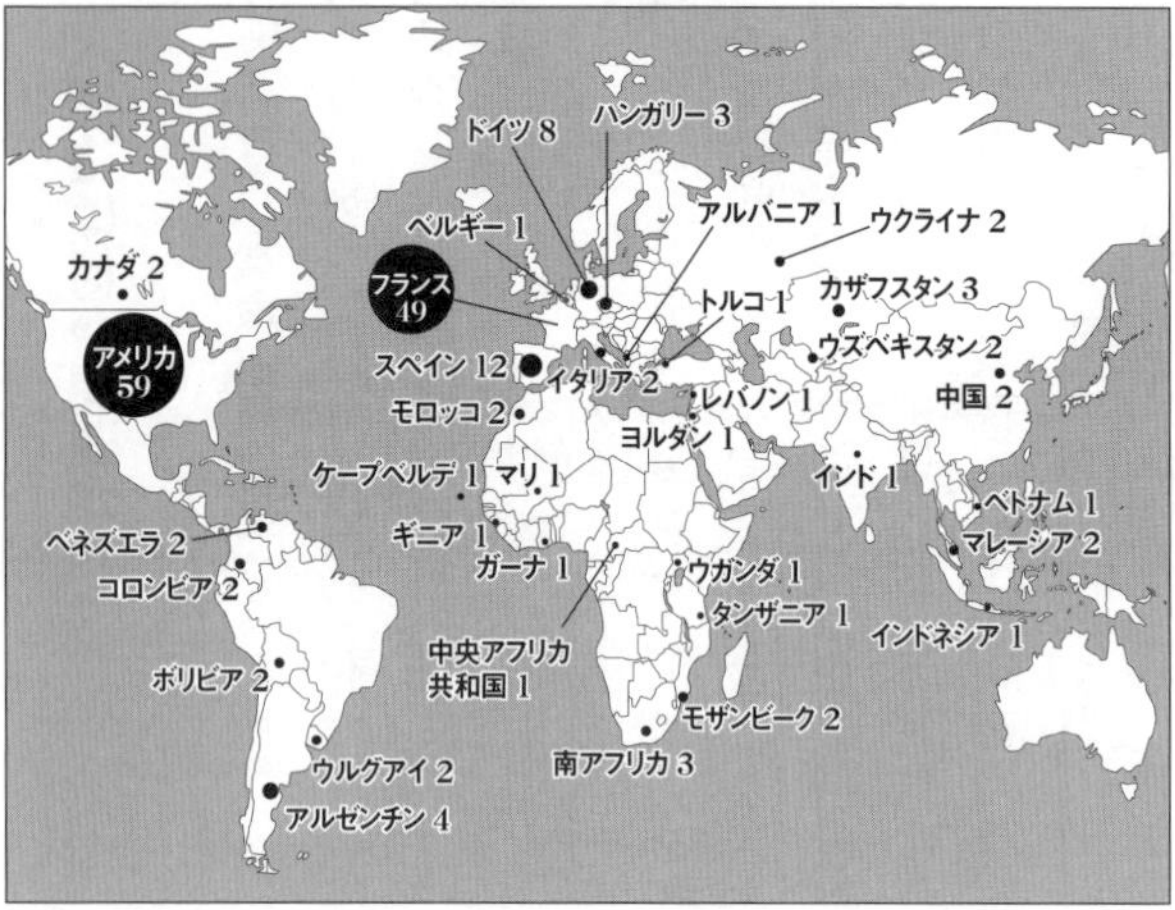


出典＝PSIRU,Food&Water Watch,Corporate Accountability International, Remunicipalisation Trackerより作成

ウォルズで、テムズ・ウォーターが環境規制に違反して汚水を河川にそのまま流し、自然環境を損ねたとして、裁判所から２００万ポンドの罰金を命じられている。

その一方で、「水道民営化」で料金が高騰することも珍しくない。民間企業にとっては採算が合わなければ話にならないため、公営の場合より水道料金の引き上げが目立つ。例えば、１９８５年にコンセッション方式を導入したパリでは、１９８５年から２００９年の間に水道料金が２６５％上昇した。

こうした問題は各地で報告されて

おり、その結果、一旦民間企業に委託された水道事業が再び公的機関の経営に戻されることさえある。トランスナショナル研究所と国際公務労連の調査によると、2000年から2014年までの間に、民営化されていた水道事業が再公営化（エージェンシー化された公的機関による運営への切り替えを含む）された事例は、世界35カ国で180件にのぼった。また、イギリスのシンクタンク、スモール・プラネット研究所によると、民間委託された事業が再公営化される割合は、電気などエネルギーで6%、通信で3%、運輸で7%だったのに対して、水道の場合は34%にのぼる。

こうした背景のもと、推進派だった国や機関からも、「水道民営化」に消極的な見解が生まれ始めている。2018年2月、世界銀行の専門誌『ワールドバンク・リサーチ・オブザーバー』が、「民間企業の参入だけでは水道事業のパフォーマンスは向上しない」と論じるロンドン・スクール・オブ・エコノミクスのソール・エストリン教授らの論文を掲載した。この論文は世界銀行の見解を示すものではないが、ワシントン・コンセンサスの一角として「水道民営化」の旗振り役を務めてきた世界銀行の専門誌にこうした論文が掲載されること自体、水道事業に民間参入を進めることの弊害があらわになっていることを象徴する。

さらに２０１８年10月、ＰＰＰやＰＦＩの本家ともいえるイギリスでは、新たなＰＦＩ事業を行わないことを政府が決定し、事実上ＰＦＩは中止された。これは「民間参入で公共サービスを改善できる」という従来の主張を翻すものといえる。

こうしてみたとき、２０１８年改正水道法は周回遅れであるばかりか、世界の潮流に逆行するともいえる。

## リスクを語らない不誠実さ

それにもかかわらず、２０１８年改正水道法の成立の前後、日本政府は「水道民営化」の効能を説いても、そのリスクについてはほとんど語らなかった。２０１８年改正水道法の成立の後、厚生労働省は法改正に先立って再公営化の事例を3例しか検討していなかったことが明らかになったが、これは都合の悪いことにはフタをして、少しでも好都合なことを熱心に取り上げる姿勢を象徴する。政府は金融商品や健康食品の販売に関して、消費者にリスクを正確に伝えるよう企業に命じ、誇大広告を禁じているが、自らに関しては話が別のようだ。

この姿勢は、国内の先行事例の取り扱いでも共通する。

先述のように、浜松市では2018年4月、改正PFI法に基づき、下水道処理場の一部で、オリックスを代表とする企業連合により、日本で初めてコンセッション方式による運営が始まった。ここで強調すべきは、厚生労働省が2017年8月に官民連携推進協議会で発表した資料「水道法改正に向けて」のなかで浜松市のケースを参考として取り上げていることだ。浜松市の委託事業は2018年4月に始まったばかりで、コンセッション方式導入後の環境検査やコスト削減の効果の測定もまだ行われていない。このタイミングで浜松市をあたかもモデルケースのように扱うこと自体、イデオロギー的な主張であっても、科学的な思考からは逸脱していると言わざるを得ない。

この問題に限らず、「これをやらなければ大変だ」と必要性を強調したり、「反対するなら対案を出せ」と逆に迫ったりするのはよく聞く論法だが、これらは批判に合理的に回答していることにはならない。

## プリンシパル・エージェント問題

2018年改正水道法の第二の問題点は、情報公開が十分ではないことだ。

水道事業に限らず、PFIの導入、料金の設定、サービスの質などに関しては、基本的に自治体の合意が求められる（一部の美術館など文教施設での料金設定を除く）。水道事業でのコンセッション方式に関しても、まず事業計画の段階で、その他の公共事業と同じく、自治体は入札などを行って民間事業者を選定でき、2018年改正水道法では政府が確実性などを審査したうえで委託を許可できると定められている。また、料金の設定に関しても、改正PFI法によって自治体には条例で料金の範囲などを設定することが、改正水道法によって政府にはその料金設定が適切かを審査することが、それぞれ認められている。

つまり、政府は自治体にコンセッション方式の導入を強制できるわけではなく、さらに自治体が監督権をもつことで、経営権を握った企業が法外な料金を請求したり、安全対策をおざなりにしたりしないようチェックできることになっている。そのうえで2018年改正水道法では、民間事業者は「厚生労働省で定める基準に従い、水道施設を良好な状態に保つため、その維持及び修繕をしなければならない。また、水道事業者は、水道施設の台帳を作成し、保管しなければならない」と、その義務が定められている。

しかし、これらの規定は有名無実になりかねない。情報が共有されなければ、政府や自治体は、事業者が契約や法令に沿った経営を行っているかを判断できないが、2018年改正水道法では民間事業者の情報開示が十分に定められていないからだ。

例えば、改正水道法では「水道事業者は、水道施設の更新に要する費用を含むその事業に係る収支の見通しを作成し、これを公表するよう努めなければならない」と定めるにとどまっている。つまり、どのくらいのコストが必要かという見積もりの公表は努力目標に過ぎず、義務ではない。そのため、極端にいえば、企業が（入札に勝てる程度に）安い見積もりを作成し、長期にわたって事業を独占するなかで、物価上昇などを理由に実際より高く料金を設定しても、外部から確認することは難しい。実際、第2章で取り上げるように、フランスでは水道事業に関する情報の透明性が低く、そのなかで民間事業者が適正価格を上回る料金を徴収していた事例も報告されている。

業務を委託した側が委託された側の仕事ぶりを公正に評価するためには、情報の共有が欠かせない。委託した側と委託された側に情報格差があれば、現場の実情をよく知る委託された側が自分に都合よく業務を行いかねず、これは結果的に委託した側の損失となる。これを政治学などでは「プリンシパル・エージェント（本人と代理人）問題」と呼ぶ。この観点からみると、2018年改正水道法で情報の共有が義務付けられないことは、公的機関によるチェックを骨抜きにしかねないのである。

また、仮に事業者が自治体にだけは収支見通しを伝えるとしても、別のプリンシパル・

エージェント問題が発生する。自治体は事業者に対してプリンシパルであっても、住民に対してはエージェントの立場にあるからだ。その意味で、自治体が住民からの評価にさらされることは避けられないが、PFI導入を推し進めた自治体とりわけその首長は、どんな結果が発生しても成果を強調しかねない。

ところが、情報公開が努力目標に過ぎなければ、事業者のサービスの良し悪しも、あるいは民間委託の決定そのものの良し悪しも、住民には判断材料がないことになる。つまり、2018年改正水道法は事業者である企業にとって都合がよくとも、究極的なプリンシパルである利用者の利益の保護を軽視する内容といえる。

## 問題発生の歯止めはあるか

そして第三に、2018年改正水道法では民間委託による問題の発生を防止する措置が欠けている。

先述のように、民間委託にともなう安全面、コスト面の問題の多発から、世界では水道事業の再公営化の波が大きくなっている。これに関して、元内閣参事官の高橋洋一嘉悦大学教授は、改正水道法が成立した直後、フランスなどで民間企業によって経営される水道事業のうち、再公営化された案件の割合は高くないと指摘し、さらに国内の水道の多くが民間委託されていても再公営化がほとんど発生していない国としてドイツをあげて「再公営化の波が一部に過ぎない」と強調したうえで「騒ぎすぎ」と断じた。

実際、再公営化の波を世界に発信したトランスナショナル研究所などの報告でも、フランス（49件）、アメリカ（59件）などで再公営化が目立つ一方、ドイツでは8件にとどまり、イギリスではゼロだ。水道事業における民間委託の割合がドイツでは56％（2008年段階）、イギリス（イングランドとウェールズのみ）では100％にのぼることを考えると、全ての国で再公営化の波が押し寄せているわけではないことは間違いない。

ただし、ここで注意すべきは、再公営化されていなければ何も問題がないというわけではないことだ。詳しくは第2章で述べるが、フランスなどではたとえ問題が深刻でも、自治体の交渉力の弱さから一旦民営化されたものを転換できないことは珍しくない。

これに加えて、再公営化が進んでいないドイツやイギリスでは、民間委託にともなう問題発生に歯止めをかける制度が設けられている。例えば、ドイツでは水道事業にベンチマーキングが導入されている。ベンチマーキングは金融などの手法で、製品やサービス、あるいは事業のプロセスなどを継続的に観測するとともに、優れた競合企業のパフォーマンスと比較分析するものである。つまり、ドイツの場合、民間事業者の仕事ぶりは常に測定されるため、問題ある事業者が居座り続けにくく、利用者である住民の満足も得やすい。

一方、イギリスの場合、１９８９年に水道事業への民間参入が認められるのと同時に、料金を監督する水道事業規制局、上水道の水質検査に責任を負う飲料水検査局、河川などの汚染を監視する環境局が設立された。これら三つはいずれも中央省庁から独立し、それぞれの業務に特化したエージェンシーで、これらが民間委託にともなう問題発生を防止する歯止めとなってきた。

つまり、ドイツやイギリスで再公営化が発生していない背景には、「水道民営化」にともなって発生が予想される問題を抑える仕組みがある。これらの点をぬきに、「再公営化は決して多くない」といっても意味がない。

## 「絵に描いた餅」の監督体制

それでは、この点で日本はどうか。改正水道法によって、政府には水道施設の改善の指示や立ち入り検査を行うことが認められ、必要な場合には運営権の取り消しなどを自治体に要求できる。また、改正ＰＦＩ法によって、自治体には業務や経理に関する報告を求め、

## コンセッション事業者に対する国や地方公共団体のモニタリング体制

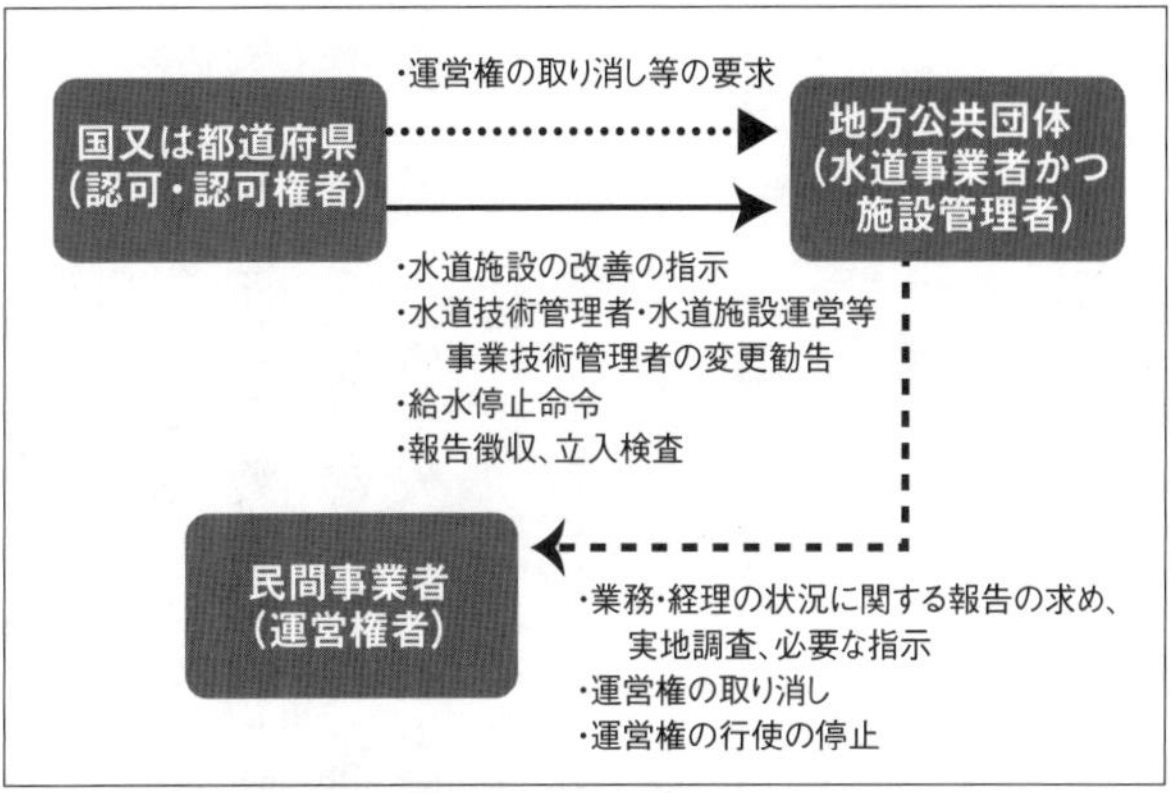


出所＝厚生労働省医薬・生活衛生局水道課「水道行政の動向〜冬山に挑む水道事業〜」より作成

実地調査し、必要なら運営権の停止・取り消しを行う権限が与えられている。

　これらの内容からは、公的機関が民間事業者を監督できると映るかもしれない。しかし、日本ではイギリスのように専門の監督機関を設けることが想定されていない。そのため、民間企業に経営が委託された場合、中央省庁や自治体の関連部局が、その他の業務の合間に水道事業者の業務を監督することになる。とりわけ、もともと人員が不足しがちな小規模な自治体で、十分に監督できるかは疑わしい。

　さらに、2018年改正水道法には「指定給水装置工事事業者の指定は、五年ごとにその更新を受けなければ、その期間の経過によって、その効力を失う」という規定があり、これは定期的に契約更新することで問題発生を防止するものといえる。ただし、ドイツのようにベンチマーキングが制度化されていないため、発注主である自治体が事業者のパフォーマンスを評価する基準が曖昧で、時期がくればただ継続を承認する、ということになりかねない。

これに加えて、自治体や政府には、問題ある民間事業者に実地調査や立ち入り検査を行う権限が与えられているが、これも十分ではない。

もともと日本では、民間企業の監査・監督が性善説に基づいて行われてきた。近年、日本では食品、鉄鋼、自動車など各種メーカーで品質偽装が長期にわたって野放しにされてきたことが相次いで発覚しているが、これは「コスト削減を何より優先させる企業の意識」だけが原因ではなく、監督機関が立ち入り検査や監査を事前に予告するなど、企業に対するモニタリングが形骸化していたことも、その土壌になってきた。実質的な監督が十分でない状態で、水道事業者だけは正直に行動すると誰が保証できるのだろうか。言い換えると、予告なしの立ち入り検査を行うといったルールが定められていない2018年改正水道法では、公的機関による監督が、絵に描いた餅になりかねないのだ。

## 遅れてきた新自由主義は誰のためか

### 民間委託でコストは削減される？

こうしてみると、2018年改正水道法には問題が多く、政府や推進派が強調するように「民間参入によって水道事業が安全かつ効率的に運営される」かは疑問だ。これは一体、誰にとって利益になるのか。

推進派は自治体にコスト削減の効果があると主張する。コンセッション方式では、長期にわたって、しかも事業の各段階を個別にではなく一括で委託するため、入札などを行う自治体の経費、時間、人手が削減できるうえ、受注した事業者から対価を受け取れる。日本で初めて下水処理場の経営にコンセッション方式を導入した浜松市は、市の直営と民間事業者による運営で20年間にかかる経費を、それぞれ約600億円、約513億円と試算しており、これによって約86億円以上の経費が浮くと見込んでいる他、事業者から経営権の対価として25億円を受け取っている。

財政難に陥っている各地の自治体にとって、削れる経費は何でも削るべきという圧力は強く働いている。これらの自治体からみて、コスト削減と対価収入を期待させるコンセッション方式が魅力に映ったとしても不思議ではない。

ただし、一般的に「民間企業は効率的に経営されるので同じサービスでも公的機関より割安で提供できる」と考えられがちだが、場合によっては民間企業のサービスの方が割高になることも珍しくない。下水道事業でPFI導入を唱道する国土交通省も、自治体向け資料のなかで「PFIを活用すれば全ての事業でより安くなるわけではない」と釘を刺している（この点で、コンセッション方式の効能しか強調しない厚生労働省や経済産業省と比べて、国土交通省はまだしも誠実といえる）。

このように考えるのは、「世間知らずの」研究者や一部の官僚だけではない。国際都市行政学会は2007年、公共サービスを一度民間企業に委託した後に公営に戻したシティーマネージャーを対象に、再公営化の理由を尋ねるアンケート調査を実施した。シティーマネージャーとは、1990年代にアメリカで導入された役職で、市長などの首長から自治体の運営を委託される、いわば経営のプロだ。選挙で選ばれた首長は、自分が選んだシティーマネージャーの仕事に責任を負う。両者の関係は民間企業における社長と最高経営責任者（CEO）のそれに近く、シティーマネージャー制度そのものが公共サービスに市場メカニズムを取り入れるトレンドの象徴でもあるが、このアンケート調査の回答で最も多かったのは「サービスの質」（61％）で、これに「コスト削減の効果」（52％）が続いた。この結果からは、経営のプロの間でも、民間委託で常にコスト削減が期待されるわけではないという見解が珍しくないことがうかがえる。

### 民営だけにあるコスト

なぜ、民間企業のサービスが割高になることがあるのか。コーネル大学ミルドレッド・ワーナー教授はアメリカ全土での統計的調査に基づき、「民間企業による水道経営でコストが削減された証拠はない」と結論づけ、その理由として以下の各点をあげた。

・価格の抑制は競争によって生まれるが、水道事業では競争が働きにくい
・公的機関は環境規制をおざなりにできないため、民間事業者によるコスト削減に限界がある
・情報格差や監督の不備により、民間事業者による施設の建設費用などが、しばしば公設の場合より高くなる

ドイツやイギリスと比べて、アメリカにおける民間委託は事業者に対する監視・監督が緩く、この点で日本の2018年改正水道法に近い。ワーナー教授の研究は「民間企業に任せれば効率的に経営されるはず」という一種の思い込みを打ち消し、適切な管理を欠いた市場経済の危うさを指摘するものといえる。

そのうえ、ワーナー教授の議論には含まれていないが、民間企業だからこそ発生するコストもある。例えば、民間企業は公的機関と異なり、株主への配当や税金などを支払わなければならないが、これらは民間企業にとってコスト負担となり、これが料金に上乗せされて割高になることがあり得る。

さらに、民間事業者による水道運営に住民の不満が高まり、契約期間内に再公営化する場合の違約金も、自治体にとってコストになり得る。例えば、アメリカのインディアナポリス市は2002年、コンセッション方式に基づきヴェオリアと20年契約を結んだが、水質汚染などを理由に住民の抗議運動が激しくなった結果、10年間で契約を打ち切って水道事業を再公営化した。この際、インディアナポリス市は2900万ドルの違約金の支払いを余儀なくされている。もちろん、インディアナポリス市は民間参入にコスト削減を期待したのだろうが、結果的には「安物買いの銭失い《ぜにうしな》」になったといえる。

ただし、ここで注意すべきは、民営化で確実にコストが削減できるわけではないのと同じように、公営の方が常に割安とも断定できないことだ。つまり、コスト削減の効果をあげるうえで重要なのは、公営か民営かといった経営主体の問題よりむしろ、ムダを排除するための情報の透明性や監督体制、いわゆるガバナンスの改善といえる。そのため、この点を重視しない2018年改正水道法では、自治体にコスト削減を約束することは難しい。

## 水ビジネスの魅力

自治体にとってのメリットが不確実な一方で、水道事業のコンセッション方式は、各種の民間企業や投資家にとって新たなビジネスチャンスの到来を意味する。内閣府の民間資金等活用事業推進室の資料によると、2013年から2017年までのコンセッション事業の規模は合計で5・6兆円にのぼり、同じ時期のその他のPFI事業を全て合計すると11・5兆円に達した。このうち、先述のように上下水道の案件はまだ少なく、2018年7月の段階で、浜松市を除く5件はいずれもまだデューディリジェンス（資産価値の調査）などの段階だ。

しかし、民間事業者に大きな裁量を認めるコンセッション方式を導入する自治体が増えれば、水道設備に関連する企業にとってだけでなく、さまざまな企業にとって、いままで埋もれていた市場が急浮上することになる。実際、第3章で詳しく述べるように、これまで日本でも、横浜市川井浄水場での包括的委託事業や浜松市下水処理場でのコンセッション事業など、水道事業に関する大型のPPP案件は実現してきたが、それらのいずれでも機械、金融、エネルギーなど異業種の企業連合が受注している。

ただし、水道事業への民間参入の解禁をチャンスとみるのは日本企業だけでなく、海外の水企業、とりわけ水メジャーと呼ばれる、世界各地で水道事業を経営してきた巨大企業も同様である。水メジャーは料金高騰や水質悪化などの理由から少なからず悪評も買ってきており、新たな進出先を常に求めてきた。

その水メジャーにとって、主要国のなかで例外的に水道の公営が保たれる日本は、長くフロンティア（未開拓地）であり続けた。さらに、日本の場合、水処理の機器やろ過素材の開発といった技術分野に強い企業は多いが、公営が長かったため、水道事業の経営そのものにノウハウや実績をもつ企業がほとんどない。これは、水メジャーにとって強力なライバルが少ないことを意味する。

その水メジャーの一部は、すでに日本に上陸している。構造改革を旗印とした小泉政権が発足した翌2002年にヴェオリアが、2015年にはスエズが、それぞれ日本支社を設立した。このうち、とりわけヴェオリアは日本企業との企業連合の一員として各地で包括的業務委託などに参加して実績を積み、浜松市のコンセッション事業にも参加している。

水メジャーには、進出先の政府に水道事業の規制緩和などを働きかけることが珍しくないが、これは日本でも同じだった。内閣府の民間資金等活用事業推進室は安倍晋三政権による「官邸主導」のPFI拡大の拠点であり、2018年水道法改正の拠点ともなったが、ここには2017年4月から2年間の予定でヴェオリア社員が政策調査員として出向している。ヴェオリアの露骨なまでのロビー活動は、日本での水ビジネスに利益を見出す海外企業の姿を象徴する。

## 取り残される利用者

こうしてみたとき、水道事業でのコンセッション方式の導入は、財政難の自治体や新たな市場を求める民間企業にとっては、それぞれ多かれ少なかれ利益を期待させるかもしれない。しかし、民間事業者に情報公開を義務付けず、公的機関による監督体制も明確に定めていない2018年改正水道法が、利用者である住民にとって利益になるかは疑わしく、そこには安全と料金の両面で懸念が大きい。

このうち、まず安全面に関していうと、先述のように、公営だから安全とは限らないが、民間企業よりコスト削減の意識が低いからこそ、公的機関の方が安全管理で手抜きをするインセンティブは小さい。逆に、コスト意識が強くなるほど、非常時の対策への備えがおろそかになりやすい。だからこそ、民間企業の参入を促すにしても公的機関による監督が欠かせず、世界各地の事例からは、この監督体制の弱い国ほど安全面での問題が深刻化する傾向が見て取れる。

ところが、先述のように、2018年改正水道法では民間事業者に十分な情報開示を義務付けず、専門の監督機関の設置も、価格の比較検討の制度化も定めていない。利用者にとって実情を可視化する仕組みがほぼないにもかかわらず、「民間委託によって効率があがり、質の高い水道サービスが提供できる」と強調することは、新自由主義者のイデオロギー的主張としては理解できるが、説得力ある説明とはいえない。

一方、料金に関して強調するべきは、民間企業の経営が効率的だったとしても、現状より水道料金が下がることは想定できないことだ。もともと水道事業が火の車である以上、たとえ公営を維持しても、水道料金が今後ますます値上がりすることは避けられない。そのため、好意的にいっても、民間委託に期待できるのは料金上昇のペースを遅らせることまでであり、たとえ良心的な事業者が経営したとしても、値上げがいずれあり得ると利用者は覚悟しなければならない。

ただし、これも情報公開が十分で、さらに民間事業者に対する実質的な監視・監督が可能なら、という話である。２０１８年改正水道法のもとで民間事業者は、自治体の同意なしに水道料金を設定できないが、逆にいえば、物価上昇などを理由に自治体さえ納得させられれば料金引き上げも可能になる。情報公開や監督体制が十分ではない２０１８年改正水道法には、水道料金が公営の料金より高くなることを防ぐ手立てを見出せない。

要するに、２０１８年改正水道法は、企業活動の自由を優先して規制が極めて緩い一方、利用者である住民への配慮は乏しいのだ。政府がいうように、水道事業が火の車であることは確かだろう。しかし、それで世界の潮流を無視し、リスクに関する説明責任や、問題発生を防ぐ体制を置き去りにすることは正当化できない。２０１８年改正水道法に最も欠けているのは、説明を尽くして納得を得ようとする姿勢なのである。

# 第2章

# 「水道民営化」で成功・失敗した世界の事例

## 先進国の光と影

### フランス――「水道民営化」先進地での反乱

第1章で述べたように、欧米諸国では水道事業への民間参入に長い歴史があるが、これは財政赤字を背景に、新自由主義の台頭とともに1980年代以降に一気に加速した。ただし、水道事業への民間参入のスタイルには国ごとに違いがあり、それによって「水道民営化」の評価も分かれてくる。この章では世界の「水道民営化」の事例を紹介するが、以下ではまず主な先進国での経験を振り返る。

先進国のなかでもフランスは、「水道民営化」の先進地と呼べる。フランスでは1980年代にコンセッション方式が普及し、フランス環境省によると2010年段階で上水道の約30％（人口の75％）、下水道の約24％（人口の50％）が民間企業によって運営されている。この割合は先進国のなかでも屈指の高さだが、そのほとんどが水メジャーの一角を占めるヴェオリアとスエズの2社によって操業されており、ヴェオリアは8000以上、スエズは2600以上の自治体で活動している。

その一方で、フランスは再公営化の先進地でもある。トランスナショナル研究所と国際公務労連による調査によると、2000年から2014年までに世界全体で水道が再公営化された180件の事例のうち49件は首都パリを含むフランスのもので、これはアメリカの59件に次ぐ多さだ。また、この調査の対象になっていない1990年代からすでに再公営化の事例は報告されており、アルプス山脈に近いグルノーブル市で1996年に実現した再公営化は、その嚆矢となった。

これらの再公営化の事例は、フランス人口の約4分の3が民間企業に経営される上水道を利用していることからすれば、一部にすぎないともいえる。とはいえ、「水道民営化」が進んだフランスで再公営化が目立つことも確かだ。なぜ、フランスでは反動が生まれたのか。

大きな理由としては、安全面とコスト面での不満があげられる。例えば、パリでは1985年のコンセッション方式の導入後、煮沸するなどしなければ水道水を飲めないといった苦情が相次いだ。その一方で、水道事業に民間企業が参入した途端、水道料金が跳ね上がることも稀ではなかった。再公営化の先駆けとなったグルノーブル市の場合、1989年から1995年までの間に水道料金は56%上昇し、エクセター大学のヘンリー・ブラー教授が1990年代に行った調査によると、これは公営に比べて40％高かった。

民間事業者による経営が必ずしも期待された効果を生まなかった原因の一つは、フランスのコンセッション方式にあった。フランスでは水道事業への民間参入が加速するなか、それまで水道事業のほとんどを担ってきた各地の水道局は水質保全に特化し始め、全国の水道局の連合体である地域河川流域委員会がその統括にあたった。しかし、同委員会は事業者の決定に介入する法的強制力が与えられなかったため、問題のある事業者に「勧告」はできても、それ以上の措置は事実上とれない。また、この組織には自治体（コミューン）と民間事業者の間の契約内容などをモニターする権限も与えられなかった。

フランスの法律では、民間事業者が自治体に提出する毎年の報告書を、事前の見積もりと比較することも禁じられている。「前提となる条件が異なる」というのがその理由だが、事後の検討さえなければ、実現可能性の低い、安い見積もりで入札を勝ち抜いた事業者にフリーハンドを与えるに等しい。チェックされない状況で経済合理性が最も高い行動は、「作業の手を抜いて楽をして、利用者に吹っかける」ことだ。だとすれば、水行政の透明性の低いフランスで水質の悪化や料金の上昇が発生したことは、不思議ではない。

そのため、環境や安全の問題そのものは、民間委託を続けている自治体でも発生しているが、それにもかかわらず再公営化の波が一部にとどまっている大きな理由としては、民間事業者に対する自治体の発言力の問題がある。

パリを例にあげよう。1985年にコンセッション方式の導入が決定されたパリでは、その後やはり水質や料金への問題が噴出した。そのため、パリ市は水道事業を委託していたヴェオリアやスエズへの監査を強化し、事業者の請求金額が経済的に正当化される水準より25~30%高く設定されていたことや、事前の見積もりに沿って積み立てる資金額と実際の作業費用の差が拡大し、その結果としてコストが実態以上に膨らんで水道インフラのメンテナンスが遅滞していたことが発覚した。民間事業者の問題が相次いで発覚し、それまで「水道民営化」を支持していた人々の反対が沈静化するなか、パリ市は2010年、ヴェオリアとスエズとのコンセッション契約終了にともない、水道事業を公営に戻した。

ただし、フランスはもともと中央集権制が強く、自治体の能力や権限は弱い。パリやグルノーブルなど一部の都市では市当局が監査や司法を活用して水道事業者を追及することができても、人員や資金に乏しい小さな自治体の場合、水メジャーを相手に対等の交渉をすることすら困難だ。また、小さな自治体ほど、契約期間中に契約を打ち切ることで発生する違約金の負担は大きい。それは裏を返せば、30年前後のものが多いコンセッション契約が相次いで終了するこの数年間に、フランスでさらに多くの自治体が水道事業を再公営化する可能性が高いことを意味する。

## アメリカ——自由の国は「水道民営化」に積極的か

アメリカはフランスと並んで水道の再公営化が目立つ国の一つで、世界全体の再公営化の180の事例のうち59を占める。ただし、アメリカの場合、フランスと異なり、もともと水道事業を民間事業者に委託している自治体は多くない。ノースカロライナ大学の統計によると、全米50州にワシントンD.C.と自治領プエルトリコを加えた52の領域のうち、公営の施設の方が多いのは33、公営の水道利用者の方が多いのは50にのぼる。

また、ルイーズビル大学のクレイグ・アンソニー・アーノルド教授によると、2009年段階で自治体の給水システムの33％が民間事業者によって運営されていたが、その利用者は全米人口の15％にとどまった。

なぜ、アメリカでは、水道事業を民間事業者に委託する自治体が多くないのか。アメリカではヨーロッパ諸国と同じく民間事業としての水道の歴史が古く、さらに市場メカニズムを信頼する新自由主義の拠点でもある。1980年に就任したロナルド・レーガン大統領は、イギリスのサッチャー首相と並んで新自由主義の旗手と目され、そのもとでアメリカでは水道事業を含むあらゆる公共サービスの規制緩和が進められた。さらに、アメリカでは1997年、公営の場合と同じく民間企業が水道事業を経営する場合でも非課税にすると定められたため、民間事業者にとって公営サービスとの競争力は、他国と比べて高いはずである。

それにもかかわらず、水道事業への民間参入が必ずしも多くない大きな理由は、多くの政治家やエコノミストが強調するほど、民間企業の参入によるコスト削減やサービス向上の効果があがらなかったことにある。第1章でも取り上げたコーネル大学ミルドレッド・ワーナー教授の研究のように、多くの統計的な調査は民間委託の効果を裏付けていない。

この点で、アメリカはフランスと共通する。つまり、フランスと同じく、アメリカでも強制力をもって民間事業者を全国で一律に監督する機関がないため、プリンシパル・エージェント問題が発生しやすいのだ。ただし、地方自治が発達したアメリカでは、「水道民営化」で問題が発生した場合、住民の主導で軌道修正が図られる点で、フランスと異なる。その手段としては、選挙や裁判が一般的だ。

ここでいう選挙による解決とは、「水道民営化」を実施した首長への批判が高まり、選挙で敗れたことで、再公営化が実現するパターンを指す。その一例として、ジョージア州アトランタの事例をあげよう。

アトランタでは1999年、コンセッション方式に基づき、フランスのスエズが出資するユナイテッド・ウォーターに水道事業を委託した。しかし、ユナイテッド・ウォーターのもとで水道職員が4年間で半減されたため、安全対策に手が回らなくなり、茶色く濁った水道水が出るようになった。そのため、ユナイテッド・ウォーター自身が水道水の煮沸を呼びかけただけでなく、毎年のように水道料金が引き上げられた。

これらの問題が噴出したにもかかわらず、民間事業者に業務を委託した市長のもと、市当局は改善を強制できなかった。その結果、2004年に新たな市長が就任してわずか半年後に、ユナイテッド・ウォーターとの20年契約は5年で解消されたのである。

このように選挙が再公営化のきっかけになることがある一方、住民が訴訟を起こすこともある。アメリカでは民間企業の商品に問題があった場合、消費者が集団訴訟で権利の回復を目指すことが珍しくなく、水道事業者も例外ではない。

その一例であるカリフォルニア州ストックトンでは2003年、一部の住民が水質の悪化を理由に、同市が水道事業を委託していたイギリスのテムズ・ウォーターとの契約破棄を求めて提訴した。これに対して、カリフォルニア州地裁はテムズ・ウォーターの供給する水道水がカリフォルニア州法の環境基準に合わないと認定し、改善命令を出したが、契約そのものは違法と認定されなかった。

選挙や裁判など、いわば事後的な手法で軌道修正が図られること自体、アメリカでは問題ある水道事業者を実効的に監督できる機関がないことを示す。それがサービスの質の悪化だけでなく、トラブル対応などで余計にコストが生まれやすい土壌になっていることに鑑みれば、コスト意識が高い自治体ほど「水道民営化は割に合わない」と判断しても不思議ではない。

そのため、アメリカでは「水道民営化」の弊害を防ぐための次善の策も講じられるようになっている。例えば、先述のストックトンでは、裁判と並行して住民の発議で水道事業者と新たな契約を結ぶ際には住民の同意を得ることを求める住民投票が行われ、これが賛成多数で成立した。この動きは各地に広がっており、2018年8月にはメリーランド州ボルティモア市議会が水道事業への民間参入を全面的に禁じることを決定した。これは自治体による水道規制の動きがアメリカでさらに進みつつあることを象徴する。

## イギリス――完全民営化の黄信号

イギリスはPPPやPFIの本家とも呼べる。1980年代のサッチャー政権の改革は、「水道民営化」を含む各国での規制緩和と「小さな政府」を基調とする改革の呼び水となった。

しかし、水道事業に関しては、イギリスは独自の道を歩んできた。イギリスでは1989年、全国の上下水道が地域ごとに分割され、当初、30社以上が水道事業に参入したが、経営統合や吸収合併が繰り返された結果、2018年現在で19社がシェアのほとんどを握っている。さらにその民間企業に経営権だけでなく設備などの所有権も譲渡された。フランスやアメリカなど多くの国ではコンセッション方式が中心だが、完全に民営化されたイギリスのスタイルは、世界的にも珍しいものだ。

水道事業が100%民営化されたイギリスでは、再公営化は一件も発生していない。その意味で、イギリスの方がフランスやアメリカより安定している。

ただし、それはコンセッション方式より完全民営化の方がパフォーマンスがよいから、というより、イギリスでは公的機関による監督がフランスなどより発達しているから、とみた方がよい。イギリスの場合、水道各社はそれぞれの区画で設備まで独占するだけに、政府も強い監督権をもっているのだ。

イギリスでは水道が民営化された1989年、料金を監督する水道事業規制局、上水道の水質検査に責任を負う飲料水検査局、河川などの汚染を監視する環境局が、それぞれの管轄省からエージェンシーとして独立し、水道事業を監督する法的権限を与えられた。フランスの地域河川流域委員会が民間事業者の決定に介入する法的権限が与えられなかったのと対照的に、イギリスのこれらの機関は問題ある事業者に改善命令を出せる。

一例をあげよう。1998年から1999年にかけて全国の水道事業者が「EUの新基準に合わせるため」という理由で一斉に水道料金を平均46％引き上げた際、水道事業規制局は価格引き上げが行き過ぎと判断し、12・3％までに抑えるよう命令した。イギリスとフランスを比較調査したブロック大学のモハメド・ドレ教授らのグループは、こうした実質的な監督が可能な独立機関の有無が両国の「水道民営化」のパフォーマンスの差になり、ひいては利用者の満足度の差を生んだと結論している。

とはいえ、公的機関による監督が機能してきたとしても、そのことと完全民営化の効果は別問題だ。2017年に発表された調査報告で、ロンドン大学のケイト・ベイリス博士らは「イギリスの水道事業が公営だったなら年間23億ポンド（約3220億円）のコスト削減になった」と結論づけた。なぜ、完全に民営化しているのに、イギリスの水道事業者はコストが高くなりやすいのか。その主な理由として、ベイリス博士らは借り入れの多さを指摘する。

ベイリス博士らの調査によると、イギリスの水道事業者の資産（エクイティ）は1990年に2000億ポンドをやや下回り、これは2010年代半ばまでほとんど変化がなかった。その一方で、1990年にほぼゼロに近かった水道事業者の借入額は、2010年代半ばには4000億ポンドを上回った。つまり、イギリスの水道事業者は借り入れを増やすことで水道施設への投資を増やしてきたわけだが、借入額の多さは結局コストとなり、水道料金にはね返ってきたというのだ。2016年段階でベイリス博士らの調査対象になった下水道9社は、利払いだけで収益の7％にあたる14億5000万ポンドを返済にあてている。

念のために付言すれば、これは放漫経営というほどのレベルではない。一般的に、企業の自己資本に占める負債額の割合（ギアリング比率）は100～150以下に抑えるべきといわれるが、ベイリス博士らが調査したイギリスの下水道事業者の場合、2016年段階で最も高かったのはテムズ・ウォーターの80％で、9社中5社は75％未満だった。

とはいえ、事前に想定されていたほど水道事業者が投資を集められず、借り入れを増やしてきたことは確かだ。借り入れの多さは、収益のあがりにくさにつながる。こうしたいびつな構造は政府財政への負担にもなっており、２０１６年段階で9社が支払った税金は17億ポンドで、これは売上高の８％だった。

ちなみに、ギアリング比率が9社のなかでとりわけ高く、75％を上回っていた4社はいずれも、ジャージーやケイマン諸島などの租税回避地に拠点をもつ企業からの投融資に依存しており、水メジャーの一角を占めるテムズ・ウォーターもその一つだ。これはイギリスの水道事業が、一部とはいえ外国の機関投資家の食い物にされている構図をうかがわせる。

ただし、一旦完全に民営化した水道事業を公営に戻そうと思えば、そのハードルはコンセッション方式の場合より高い。イギリスのシンクタンク、ソーシャル・マーケット財団は、イギリスの水道事業を再公営化する場合のコストを、民間事業者の資産の買い上げや長期の投資などを含めて、９００億ポンド（約１２４兆円）と試算している。これに照らせば、世界に類のない完全民営化を実現させたイギリスの水道事業は「前門の虎、後門の狼」に直面しているといえる。

## ドイツ——市場経済に偏りすぎない民間参入

先進国のなかで「水道民営化」による問題が比較的少ないのがドイツだ。２０１１年のドイツ水道局の資料によると、上下水道の64％は民間事業者によって経営されている。また、ドイツにも水メジャーと呼べる大企業はあり、巨大エネルギー企業で世界屈指の水企業でもあるＲＷＥは、ドイツ国内で６３０万人以上に給水している（三井物産戦略研究所）。

しかし、ドイツでは水の安全が総じて保たれているだけでなく、水道料金の上昇率もインフレ率を下回り続けてきた。

もちろん、ドイツも水道事業の再公営化の波と無関係ではない。トランスナショナル研究所などの報告では、２０００年から２０１４年までの間に、世界全体での水道再公営化１８０件のうち、ドイツのものは8件含まれる。このうち1件は、首都ベルリンのものだった。

ヨーロッパを代表する都市の一つベルリンでの再公営化は、パリのそれと並び、水道再公営化の波を象徴する。ただし、上水道の30％、下水道の24％が民間事業者によって経営されているフランスで49件の再公営化が発生したことに比べると、ドイツの8件は頻度がずいぶん低い。

なぜ、ドイツでは水道事業への民間参入が進みながらも、他の国より問題が少ないのか。結論からいえば、市場経済に偏りすぎずに民間参入を進めているからである。その象徴は、「ベルリン・モデル」と呼ばれる手法だ。これはベルリンの再公営化にもかかわることなので、まずその名の由来になったベルリンの「水道民営化」についてみておこう。

ベルリン州は1998年、民間投資家との共同出資により、上下水道公社の経営を行うベルリン水道持ち株会社を設立した。ベルリン州と投資家の出資比率は、それぞれ50・1%、49・9%で、これによって民間企業に水道事業の経営を委託しながら、自治体がこれを監督することが可能と期待された。これをベルリン・モデルと呼ぶ。フランスやアメリカの水道事業でコンセッション方式の導入が広がり始めた1990年代、ドイツでは単純な規制緩和への根強い反対意見があり、自治体の関与が強いベルリン・モデルはこれを反映したものだった。

ただし、「本家」ベルリンではその後、ベルリン・モデルが衰退した。1999年、ベルリン水道持ち株会社の49・9%の株式がRWEとヴェオリアの企業連合に買収され、その後ベルリン当局との非公開の協定により、経営権が企業連合に委託されたのだ。「ドイツ史上最大のPPP」と呼ばれたこの契約には、ベルリン州が民間投資家に8%の配当を

28年間保証する内容も含まれていた。この株主配当が重荷となり、設備投資の不足と料金の高騰が発生したため、市民からの強い批判を受け、2011年には契約内容の公開を求める住民投票が実施される事態となった。

住民投票の結果、賛成多数でヴェオリアへの配当保証を含む契約内容が公開されると、抗議運動はさらに加熱した。高まる批判に、ベルリン当局は翌2012年にRWEから、2013年にヴェオリアから、それぞれ株式を買い戻すことに合意せざるを得なくなったが、このために13億ユーロの負担を余儀なくされ、その分が再公営化後の水道料金に上乗せされることになったのである。

これが反面教師となり、ベルリン・モデルはむしろドイツの多くの地方都市で維持され、コンセッション方式は一部の大都市に限られてきた。ベルリン・モデルの最大のメリットは、当事者同士の間で情報格差が小さく、プリンシパル・エージェント問題が発生しにくいことで、これによって安全面、コスト面での問題の発生が、全面的でないにせよ抑えられてきたといえる。さらに、民間の水道事業者が利用者から直接料金を徴収する場合は、連邦カルテル庁など公的機関の監督を受けなければならない。

ただし、公的機関と民間企業のいわば共同経営だと、特定の地域での独占営業になりやすく、競争原理が働きにくいという批判もあり得る。これはある程度、ドイツの事例にも当てはまる。ドイツの水道事業では純粋な企業間の競争も、あるいはイギリスで行われているヤードスティック規制（一定区域で独占的に事業を行う企業各社が相互にパフォーマンスを評価し、低パフォーマンスの企業にはペナルティを科す制度）も働かない。

その一方で、ドイツでは、水道事業に参入する民間事業者に、さまざまなレベルでの監査・監督が義務付けられている。まず、民間事業者は当然、入札で競争にさらされる。次に、民間事業者は自治体によって価格面のパフォーマンスも査定される。自治体が事業者の情報を常時把握しているベルリン・モデルでの査定は、民間企業に事業を丸投げしやすいコンセッション方式のもとでの査定より厳格なものになる。また、自治体間で相互のパフォーマンスを比較するベンチマーキングも導入されている。こうしたさまざまな制度を指して、ミュンヘン大学IFO経済調査研究所のヨハン・ワッカーバウアー上級研究員は、ドイツの水道事業で「半競争」が働いていると表現する。

とはいえ、ベルリン・モデルが民間事業者を実質的に監督しやすく、プリンシパル・エージェント問題を発生させにくいとしても、これがどこにでも輸出できるかは別問題だ。自治体が十分な能力と権限を備えていなければ、ベルリン・モデルは成立しないからである。言い換えると、ベルリン・モデルは市場経済に傾きすぎないだけでなく、連邦制で自治体の独立性が高いドイツならではのものといえる。

## 開発途上国の苦悩

### フィリピン――「成功」の陰で

「水道民営化」は先進国だけでなく開発途上国でも広がってきた。ただし、それはすべての国でというより、主に先進国と外交的に近い関係の国ほど目立つ。こういった国ほど、1980年代から先進国で台頭した新自由主義的な改革の波の影響を受けやすかったのである。

しかし、多くの場合、開発途上国での「水道民営化」は、先進国でのものより問題を引き起こしやすかった。その理由を一言でいえば、これらの国ではもともと先進国と比べて政府の能力が乏しく、おまけに水メジャーが本国でより傍若無人に振る舞うことが多いからだ。以下では、特に問題の目立つ国の事例をみていこう。

まず、新自由主義の台頭以降、最も早い段階で水道事業への民間参入を始めた、東南アジアのフィリピンを取り上げる。冷戦時代、アジア最大の米軍基地が置かれていたことからもわかるように、フィリピンは伝統的にアメリカの影響が強く、１９８０年代から世界銀行などが融資の前提条件として市場経済化を求め始めたとき、これを受け入れやすい土壌があった。その結果、この国の首都マニラでは１９９７年、コンセッション方式に基づき首都上下水道局の経営が民間企業に委託され、今日に至っている。これは現在進行形の「水道民営化」のうち最長のプロジェクトの一つだ。

コンセッション方式の導入にともない、マニラの水道は東西に分割され、それぞれがマニラ・ウォーターとメイニラッド・ウォーターに委託された。このうち、東部を担当するマニラ・ウォーターはフィリピンの建設大手アヤラの他、イギリスのユナイテッド・ユーティリティ、アメリカのベクテル、そして三菱商事などの企業連合で、西部を担当するメイニラッド・ウォーターは放送、エネルギー、不動産開発などを手掛けるフィリピンの複合企業ベンプレス・ホールディングスと水メジャーの一角スエズなどが参加する企業連合である。

こうした海外企業による経営のもと、世界銀行によると、例えば東部ではコンセッション方式が導入された１９９７年には26％に過ぎなかった24時間水道を利用できる住民の割合が、2006年には99%に至った。それと並行して、この地域では1997年から2008年までの間に下痢発生の割合が51%下落するなど衛生環境が改善した一方、漏水率は1997年の63%から2011年には11・2%にまで下落した。

こうした成果を踏まえて、このプロジェクトを主導した世界銀行はしばしば、マニラでの「水道民営化」を「開発途上国における安全な水の普及のモデルケース」と宣伝する。

ただし、その「成功」は危ういものでもある。マニラでは水道料金が右肩上がりで伸び続けており、フィリピンのNGOフリーダム・フロム・デット・コアリションは、東西の区画のいずれの水道料金も、1997年から2008年までに1000%以上高騰したと推計している。この間、フィリピンで物価が全体的に上昇したことは確かだが、それでも水道料金の上昇率はインフレ率を上回るだけでなく、パリなど先進国でのものをもしのぐ。

水道料金の高騰は、世界銀行のいう「水道普及の成果」にも疑問を呼んでいる。水道料金が高すぎて、水道が普及しても、それを利用できない人々が続出したからである。

公営の時代、マニラの貧困層の間では水道管から勝手に給水するといった行為も珍しくなかったが、コンセッション方式の導入後、民間事業者はこれを厳しく取り締まり、さらに水道料金が支払えない場合、基本的に給水は停止された。その意味で、民間事業者は確かに効率的に経営してきたといえるが、同時に所得格差による水へのアクセスの格差が深刻化したことも疑いない。つまり、貧困層は水道をほとんど利用していないのだ。

その結果、貧困層が多い地域では路上で水を売る「水屋」が繁盛し、ボトル詰めの水も販路を拡大させた。こうした状況を指して、アメリカのNGOコーポレート・アカウンタビリティ・インターナショナルは、世界銀行の「成功」が「高い水に採算の合う範囲内のもの」と指摘している。

これほど水道料金が高騰した背景には、先進国より発言力の弱い開発途上国の立場がある。先述のように、もともとフィリピンはアメリカに安全保障、経済の両面で依存していたため、いわゆるワシントン・コンセンサスが推し進める「水道民営化」に抵抗しにくい立場にあった。この立場の弱さは当局と水道事業者の間の交渉にも影響してきた。

例えば、1997年のアジア通貨危機の後、フィリピン経済が停滞するなか、2001年3月にメイニラッド・ウォーターはコンセッション契約に基づく使用料の支払いを中止し、併せて首都上下水道局に対して、通貨ペソの下落分とインフレ分を補完する追加料金を徴収できるよう、契約の変更を迫った。

ここで注意すべきは、もとの契約のなかで、通貨下落の場合には調整した金額で水道料金を徴収することがすでに定められていたことだ。つまり、メイニラッド・ウォーターの要求は、どさくさに紛れて「二重取り」を求めるものだったが、結局フィリピン当局は2002年末までという期限付きでその徴収を認めざるを得なかった。ところが、メイニラッド・ウォーターは期限を過ぎても二重取りを続け、フィリピン当局からの中止命令を無視した。同社の二重取りは国際仲裁裁判所の命令でようやく止まったが、利用者はその間、通常より高い水道料金の支払いを求められ続けたのである。

フィリピンでは水道の再公営化が一件も発生していない。しかし、それは海外企業やその背後にいる先進国に対するフィリピンの発言力の弱さに鑑みれば不思議ではなく、「再公営化がないから問題もない」とはいえない。世界銀行のいう「成功」は、その上に成り立っているのである。

## ボリビア――コチャバンバの「水戦争」

他の開発途上地域と比べて、ラテンアメリカでは1990年代から「水道民営化」の事案が多い。その一つの要因は、19世紀からこの地域を「裏庭」と扱ってきたアメリカの影響力の強さにあるが、もう一つの要因は、ラテンアメリカ各国が石油危機後の1980年代に巨額の債務を抱え、財政破たんの危機を迎えるなか、世界銀行がこれを救済する資金協力の中心となったことだ。こうした背景のもと、いわゆるワシントン・コンセンサスに沿って、ラテンアメリカ諸国では1990年代から水道事業の規制も緩和されてきた。

ただし、「水道民営化」が全く期待外れに終わることも珍しくなく、ボリビアはその典型例といえる。ボリビアの水道事業ではこれまで2件のコンセッション案件が実施されたが、いずれもが契約途中で打ち切られた。ここでは、「水道民営化」の失敗例として名高い、コチャバンバでの「水戦争」を取り上げる。

ボリビアでは1990年、ワシントン・コンセンサスの圧倒的な圧力を前に、水が全て国家のものであること、国家は水を第三者に売却できることを定めた法律が可決され、これに基づき当時約40万人の人口を抱えていた同国第3の都市コチャバンバでの水道事業に参入する入札が行われた。しかし、この際ボリビア政府はコチャバンバ住民にほとんど説明を行わず、しかも議会審議はわずか48時間で結審するなど、住民の要望が反映される機会はほとんどなかった。

そのうえ、入札に参加したのはアメリカの水企業ベクテルの現地法人アグアス・デル・トゥナリだけで、これに世界銀行ですら懸念を示すなか、ボリビア政府は同社とコチャバンバでの水道事業に関するコンセッション方式に基づく40年契約を交わしたのである。

問題はすぐに噴出した。操業開始からの2カ月間でアグアス・デル・トゥナリは、それまで断水も珍しくなかったコチャバンバで水道水の供給量を30％増加させた一方、所得に応じた居住区ごとに異なる料金体系を導入したうえで、水道料金を平均35％引き上げたのだ。

アグアス・デル・トゥナリからすれば、この引き上げ幅は投資額に見合う対価として適切な価格設定だったかもしれない。しかし、新たな料金体系のもと、所得水準によっては引き上げ幅が数百％に及ぶこともあった。水道民営化に反対する運動を主導し、後に「環境問題のノーベル賞」とも呼ばれるゴールドマン環境賞を受賞したオスカル・オリビエラ氏が当時行ったインタビュー調査の結果には、「月収80ドルの教師宅で、それまで約5ドルだった水道料金が25ドルになった」という証言もある。

影響は水道を利用していない世帯にも広がった。コンセッション契約では水道だけでなく、個人の私有地にある井戸にもメーターを取り付け、料金を徴収する権限がアグアス・デル・トゥナリに認められていたのである。

高まる批判と不満に対して、ボリビア政府は当初、全くといっていいほど傍観者だった。

ボリビア政府は水道事業への民間委託を進めるなか、事業者を監督する機関として、基礎的衛生セクター監督庁を設けていた。しかし、同庁はもともと予算や人員が不足していただけでなく、ワシントン・コンセンサスに沿った改革に前のめりになっていたボリビア政府の意向を受け、むしろ「水道民営化」を推し進める立場に回り、アグアス・デル・トゥナリの決定に介入することはなかった。

公的機関が沈黙するなか、数万人規模の抗議デモがコチャバンバで広がり、これに対して政府は軍を動員してその鎮圧を図ったが、衝突のなかで死傷者が出たため、抗議デモはさらに激化した。そのため、ボリビア政府は2000年11月、それ以前に支払った水道料金を還付することで妥協を図ったが、デモ隊は納得せず、アグエス・デル・トゥナリとの契約解消を求めて抗議活動を続け、これに対して政府は非常事態を宣言するなど、対立が泥沼化したのである。

この混乱のなか、翌2001年4月にアグエス・デル・トゥナリは撤退を宣言し、コチャバンバの水道事業は再公営化された。しかし、アグエス・デル・トゥナリは同年11月、2500万ドルの損失補償を求めてボリビア政府を提訴した（同社がコチャバンバで操業した間に投資した金額は1000万ドルと見積もられている）。この提訴は結局、ボリビア政府がアグエス・デル・トゥナリの責任を追及しないという条件付きで取り下げられたものの、一連の出来事と相まって多くのボリビア人が反新自由主義に傾いたとしても不思議ではない。２００６年のボリビア大統領選挙で反米社会主義者ファン・モラレス候補が当選し、同じ年にエル・アルト市で行われていた水道事業のもう一件のコンセッション案件も契約が破棄され、さらに基礎的衛生セクター監督庁までも解体されたことは、この延長線上にある。

ただし、「水道民営化」の廃止により、水道が安心して利用できるようになったとはいえない。再公営化後のボリビアでは、社会主義的な政府のもとで国家主導による水道普及が進められてきたが、国連児童基金（ＵＮＩＣＥＦ）によると、２０１２年段階で安全な飲料水にアクセスできる人口は88％にのぼったものの、下水を利用できる人口は46％にとどまる。コチャバンバの「水戦争」は「水道民営化」の弊害をあらわにしたが、その後のボリビアの状況は、もともと資金や人員に限界のある開発途上国が公営のみで水道事業を展開することの限界をも示しているのである。

## 南アフリカ――「水道民営化」の拡大を阻む失敗の連鎖

貧困国の集まるアフリカでは、他の地域よりさらに安全な水の確保が難しく、水道の普及が大きな課題の一つになっている。そのなかで海外企業が「安全な水を供給する」という社会的意義を強調して水道事業に参入することもあるが、これが逆効果になることも珍しくない。アフリカを代表する地域大国である南アフリカでさえ、その例外ではない。

南アフリカ政府は進行中のＰＰＰ案件をオンラインのデータベースで公開しているが、２０１９年1月現在でここに掲載されている68件のうち水道事業は4件にとどまる。この割合の少なさは、ＰＰＰが開始された１９９０年代に水道関連の案件で問題が多発したことに鑑みれば不思議ではない。トランスナショナル研究所などの報告によると、南アフリカで２０００年から２０１４年までに少なくとも3件の水道事業が再公営化されたが、そのなかには同国最大の都市ヨハネスブルクでのものも含まれる。

南アフリカにおける水道事業への民間参入は、１９９５年に政府が公共サービスを立て直す必要性を強調し、ＰＰＰ導入の方針を示したことで加速した。このなかで２０００年にヨハネスブルク市が水道経営を5年間委託する契約を結んだ、フランスのスエズが出資するヨハネスブルク水道管理会社は、２００１年初頭からそれまでの水道事業に大ナタを振るい始めた。

世界屈指の格差社会である南アフリカ（ジニ係数は70を上回る）では、もともと毎月一定量の水道水が無料で供給され、さらに高所得者が多めに負担した水道料金が補助金として低所得者に再分配される仕組みがあった。ところが、経営を引き受けたヨハネスブルク水道管理会社のもと、無料で提供される水道水の量が一人当たり1日50リットルから25リットルに削減された他、２００３年には再分配の負担割合が見直され、低所得層の自己負担分が増えた。さらに、２００４年には低所得層の世帯がプリペイド式メーターの設置か、自宅ではなく屋外での水道利用かの選択を迫られた。プリペイド式メーターの場合、事前に支払った分以上の水道は利用できない。これら一連の措置の結果、ヨハネスブルクの低所得層は事実上、水道の利用が制限されたのである。

この事態を受け、水道民営化反対連盟などのＮＧＯに主導された抗議デモが頻発しただけでなく、一部の住民がプリペイド式メーターを低所得層にだけ求めることの是非や、無料分の水道水の量をめぐって高等裁判所に提訴した。２００７年12月、高等裁判所はプリペイド式メーターの設置を認め、さらに無料分を1日25リットルと認めるなど、ヨハネスブルク水道管理会社の主張を支持する判決をくだした。

しかし、この裁判の最中の2006年の年末、ヨハネスブルク水道管理会社との契約が切れたヨハネスブルク市は、同社との契約を更新しなかった。住民からの反発の大きさが、ヨハネスブルク市当局に司法の判断を待たず、市に政治的な判断をさせたといえる。

「自分が利用したものは自分で払うべき」という利用者負担の原則からすれば、この裁判は「弱者の言いがかり」と映るかもしれない。ただし、その一方で、もとの水道システムに問題が多かったとしても、市場経済の論理でこれを一刀両断にしたことが、結果的に貧困層の生活を追い詰めたことも疑いない。

さらに、これに関連して強調すべきは、多くの人が安全な水にアクセスできない状態が社会全体の衛生環境を悪化させかねないことだ。ヨハネスブルクでの裁判に先立つ段階で、南アフリカではすでにこの問題が浮上していた。

同国東部のクワズールー・ナタール州は1999年3月、州内ドルフィン・コーストでの水道事業に関して、同国で初めてとなるコンセッション方式に基づく委託契約を、フランスの水道大手SAURと南アフリカのメトロポリタン・ライフの企業連合シーザとの間で結んだ。シーザは後のヨハネスブルク水道管理会社と同じく、プリペイド式メーターの設置を進め、未納世帯に対して容赦なく水道を停止した。その結果、多くの低所得層が水道を利用できない状況になっていた2000年、コレラがこの地方を襲ったのである。

南アフリカではしばしばコレラが流行していたが、2000年の蔓延ではクワズール－・ナタール州だけで12万人以上が感染し、死者は少なくとも300人にのぼった。1982年、やはりコレラがこの地方を襲ったときの死者が24人だったことと比べると、その多さが際立っている。安全な水を利用できない人口が多かったことが被害を増加させたとみられるため、これはヨハネスブルクでの問題への注目度をいやが上にも高めさせたといえる。

南アフリカは貧富の格差が目立つ一方で、政治的に混乱する国が多いアフリカのなかで民主主義に基づく統治が根付いた数少ない国の一つでもあり、「水道民営化」の最初の段階で国民の間に根深く染みついた不信感があることは、その後水道事業への民間参入が必ずしも活発でない土壌になっているのである。

## 「水道民営化」に向かう新興国

### 中国――「公的機関の企業化」がもたらしたもの

新興国のなかには南アフリカのように「水道民営化」に熱心でない国がある一方、その逆もあり、代表例として中国があげられる。

中国では水道を含む公共サービスへの民間参入が進められており、世界全体のＰＰＰ案件を記録するプライバタイゼイション・バロメーターのデータベースによると、その収益は２０１５年だけで１３３３億ドル以上にのぼる。同じ時期のＥＵが６３３億ドルだったことから、その規模の大きさがうかがえる。この背景のもと、これまでに2件の再公営化の事例があるものの、水道事業でも民間参入は進んできた。その結果、アメリカのシンクタンク世界資源研究所は、中国全土の上水道の17％以上、下水道の67％以上に民間企業が参入していると試算している。

注意すべきは、ここでいう「民間参入」が独特の意味をもつことだ。中国では多くの国営企業が独立採算に基づき独自の経営を求められており、これらが業種を超えて水道事業に参入している。さらに、省や自治区の政府が国営企業や海外企業とジョイント・ベンチャーを立ち上げることも多い。公的機関が企業と共同で経営する点ではドイツのベルリン・モデルに近いが、多くの国営企業までもが参入し、しかもベンチマーキングなどで民間事業者に競争を促さない点で異なり、「公共サービスの民営化」というより「公的機関の企業化」と呼んだ方が実態に近い。

公的機関が自らビジネスの主体となることは、新興国では珍しくないが、中国でとりわけ目立つ。それは中国の国内事情を反映したものといえる。

中国における水道事業への民間参入の解禁は、改革・開放が加速した1980年代にさかのぼる。経済発展にともない都市化が進むなか、水道需要の高まりに応じきれなかった中国政府は、1991年に水道事業におけるBOT（建設、操業、移転）を導入し、これをきっかけにヴェオリア、スエズ、テムズなどが中国進出を加速させたのである。

しかし、その後やはり料金の高騰などが多発した結果、1997年に中国政府は、それまで水道事業に参入する海外企業に売上高の12〜18%を利益として保証していた「利益保証」を廃止し、海外企業にとっての旨味を減らした。最近では、2008年に共産党機関紙である人民日報の電子版が、海外企業の操業による水道料金の高騰を懸念する論評を掲載しており、これは中国で海外企業への警戒感が広がっていることを象徴する。

ただし、中国の場合、「水道民営化」そのものも、海外企業の参入も制限されていない。その一つの目的は、中国版水メジャーを育成するためだったとみられる。つまり、中国政府にとって国営企業は重要な基盤であり、水道事業に民間参入を促すことは、国営企業に経済的チャンスを与えるものでもある。とはいえ、いきなり水道事業を担える中国企業は多くない。そのため、海外の水メジャーを全面的に排除しないことは、これと提携することで、ノウハウや技術を蓄積する機会を国営企業に与えるものでもある。また、政府や共産党にパイプをもつ中国の国営企業と提携することは、海外企業にとっても好都合だ。

その結果、海外企業との提携に基づき、水道事業を行ってきた企業だけでなく、コンサルタント大手の北京創業やソフトウェア開発大手の清華同胞など、異業種から参入した中国版水メジャーとも呼べる巨大国営企業が台頭してきた。

こうした背景のもと、「公的機関の企業化」は拡大している。清華大学水政策研究センターが2008年に152都市を調査した結果によると、水道事業における民間参入の手法のうち、最も多かったのは株式移転（44%）で、これにジョイント・ベンチャー（27%）、民間企業による経営（10%）と続き、かつて海外企業の活動の中心だったBOTは3%にとどまった。

株式移転であれジョイント・ベンチャー設立であれ、自治体は企業に全て委託するわけでなく、共同で事業を行うため、水道事業を直接的に監督しやすい点に特徴がある。これに関して、アメリカのブルッキングス研究所の報告書は、プリンシパル・エージェント問題を引き起こしにくいものと評している。

とはいえ、ただ公的機関と企業の関係が近いだけで、水道事業のパフォーマンスが向上するとは限らない。香港のＮＧＯグローバリゼーション・モニターが２０１１年に６都市でインタビュー調査を行った結果、「水道が快適でない」と回答した割合は平均77・７％にのぼった。

そのうち、最も割合が高かった広東省深圳市（88・３％）では２００３年、深圳市が株式の55％、ヴェオリアおよび北京創業が45％をそれぞれ保有する深圳水務が設立された。しかし、同社のもとで水道料金はあがり続け、例えば２０１０年だけで19・２％引き上げられた。その一方で、２００８年段階で深圳水務の純利益は２５９０万元（約４億８３６万円）にのぼり、これは同社の総資産の０・84％に過ぎなかった。つまり、自治体、海外企業、国内企業のジョイント・ベンチャーであり、深圳の水道事業を独占する深圳水務は、大きな利益を得ながらも、それを利用者に還元する意思は乏しいのである。

中国では公的機関の透明性が低く、汚職も蔓延している。外部からチェックできない状況のまま、公的機関と企業が共同で事業を行っても、ただ癒着を生むだけになる可能性すらあることを、中国の経験は示している。

## ブラジル——住民参加の水管理

すでに述べたように、他の開発途上地域と比べてラテンアメリカは「水道民営化」が目立つ地域だが、そのなかでもブラジルはとりわけ積極的な国の一つだ。ＯＥＣＤによると、ブラジルでは１９９０年から２００６年までの間にコンセッション方式で39件、ＢＯＴで10件のプロジェクトが実施された。これはラテンアメリカ一の規模で、ブラジル民間水道・下水処理協会によると、民間事業者の水の利用者は２０１２年段階で全人口の７・５％にあたる１４００万人にのぼった。

その一方で、周辺のボリビアなどと異なり、再公営化の事例は少ない。例えば、１９９５年にサンパウロ郊外のリメイラ市は、スエズが出資する企業連合にコンセッション方式に基づき水道事業を委託した。これはブラジルの最初期のコンセッション契約の一つだったが、その後の料金改定で所得に応じた料金加算が見直され、低所得層の間では水道料金が176％上昇し、これに対する抗議デモも発生したことで、各地に「水道民営化」への不信感を広げる端緒ともなった。しかし、それでも2000年から2014年までに限ったトランスナショナル研究所の調査で、ブラジルにおける水道再公営化の事案はゼロである。

「水道民営化」の案件数が多い一方、再公営化の事例が少ない点だけみれば、ブラジルは中国と共通する。さらに、ブラジルでは中国と同じく、自治体と民間企業が共同で経営する水道事業者も多く、1973年にサンパウロ州が設立し、1996年からは株式の一部を公開している上下水道会社 Sabesp は、その典型である。

しかし、ブラジルと中国ではもちろん事情が異なる。最大の違いは、住民参加の有無にある。単純化していえば、中国の場合、利用者である住民への説明責任や情報公開がほとんどないまま、省・自治区政府が「いつの間にか」民間参入を進め、異論や不満は基本的に抑え込まれてきた。

これに対して、ブラジルでは1997年、水道事業を含む水資源の管理に関する最高意思決定機関として全国水資源理事会が発足したが、ここには連邦政府や水道事業者だけでなく、消費者団体を含むＮＧＯや住民の代表が参加してきた。つまり、民間企業とともに利用者の意見も反映される仕組みがあるからこそ、他国ほど問題や弊害が深刻化することなく、「水道民営化」が進んできたのである。

もちろん、この仕組みは一朝一夕にできたものではなく、ブラジルでの水をめぐる争いのなかで確立された。もともとブラジルは国土面積が広い（世界第5位）うえに、山岳地帯からジャングルまで国内の気候条件は地域によって異なる。さらに、大河アマゾンは州をまたいで横断しているが、連邦制によって州政府に幅広い権限が認められるため、水資源の利用をめぐる対立は絶えなかった。その一方で、他のラテンアメリカ諸国にも共通するが、所得格差の生まれやすい地主制が存続し、アメリカの影響力が圧倒的に強いなか、市場経済に傾いた富裕層と、これに抵抗する労働組合やＮＧＯなどの間の階級闘争は伝統的に激しい。

この複雑な背景のもと、他のラテンアメリカ諸国と同じく、１９８０年代に債務危機に陥ったブラジルでは、親米的な軍事政権がアメリカや世界銀行の要求に沿った改革を進めたが、１９８５年の民政移管後もワシントン・コンセンサスの影響力から逃れることはできず、１９９０年代には「水道民営化」に着手し始めたのである。

しかし、リオデジャネイロなどいくつかの地方政府が先駆けとなって進めた「水道民営化」で料金高騰などの問題が噴出したことで、海外企業を含む民間企業と住民団体、NGOの対立が深刻化した。その結果、それぞれの勢力が政府とともに水資源の問題を総合的に取り扱う組織の発足に合意し、これによって1997年、先述の全国水資源理事会が誕生したのである。

つまり、水資源問題に関する最高意思決定機関である全国水資源理事会に住民代表やNGOが参画しているのは、それ以前から彼らが「水道民営化」をめぐって公的機関や民間事業者と交渉や衝突を繰り返してきたからこそである。このように公的機関、民間事業者、利用者代表が顔を揃える仕組みは、他国と比べて、ブラジルの「水道民営化」を安定させてきたといえる。

ただし、この安定が持続するかは未知数だ。

ブラジルでは原油価格が急落した2014年以降、GDPが2年連続でマイナス成長を記録するなど経済危機に陥り、それにともない政府の汚職などへの不満が爆発してジルマ・ルセフ大統領（当時）が弾劾で罷免されるなど政治的にも混乱を深めた。財政赤字も深刻化するなか、ルセフ氏を継いだミシェル・テメル大統領（当時）は就任直後の201

6年7月、経済危機を抜け出す方策の一環として水道事業の一部を民間委託する方針を決定した。これを受けて、27州のうち18州でこれが支持されたが、折からの干ばつで水不足が深刻化したことも手伝い、全国水資源理事会での議論は難航した。

「水道民営化」をめぐる対立がこれまでになく深刻化するなか、2018年11月に大統領選挙が実施され、国外に対しては保護主義的な傾向が強いが、国内に対しては規制緩和を推奨するジャイル・ボルソナロ氏が当選した。「ブラジルのトランプ」とも呼ばれる強権的なボルソナロ大統領のもと、ブラジルは合意形成を優先させる従来の水管理を維持できるかの正念場に立たされているのである。

## ペルシャ湾岸諸国――大産油国のジレンマ

中東には富裕な産油国が多く、とりわけ湾岸協力機構(GCC)に加盟するペルシャ湾岸の6カ国(バーレーン、クウェート、オマーン、カタール、サウジアラビア、アラブ首長国連邦)の一人当たりGDPは、平均で先進国のそれにほぼ匹敵する。その一方で、土地の大半を砂漠が占め、降雨量も少ないため、石油より水の方が貴重品だ。また、石油は豊富でも、技術や人材は総じて乏しい。

こうした背景のもと、これらペルシャ湾岸諸国でも水道事業への海外企業の参入は珍しくない。この地域は他にも増して情報の透明性が低いため、断片的なデータにならざるを得ないが、ドバイのコンサルティング企業ＭＥＥＤのデータによると、この6カ国向けの水道関連のＰＰＰ投資額は２０１７年だけで約20億ドルにのぼった。ここには他の地域でもみられる経営の委託（公設民営）や下水処理場などの建設・経営だけでなく、海水淡水化プラントや水を輸送するパイプラインなど砂漠ならではの施設のＢＯＴも含まれる。

このような「水道民営化」は、今後さらに増えると見込まれる。ＧＣＣは２０１６年、地域一帯で水道インフラを発展させるための方策として「統一水戦略」を採択したが、その戦略目標には「水道事業でＰＰＰを増やすこと」も盛り込まれている。ＧＣＣの盟主サウジアラビアでは、２０１５年に実権を握ったムハンマド皇太子のもと、国家の近代化に向けた改革が推し進められ、海外からの投資も奨励されている一方で、周辺国への統制も強化されていることが、これを後押ししている。

ただし、注意すべきは、ペルシャ湾岸諸国では民間企業に大きな裁量を認めるコンセッション方式の導入が稀なことで、少なくとも筆者が確認した範囲では一件もなかった。これらの国が民間企業の参入を促しながらも、市場原理に即した水道経営を避けてきたのは、政治的な理由によるところが大きい。

ペルシャ湾岸諸国は国王に絶対的な権限を認める専制君主制であることで共通する。これに対する不満もあるが、各国政府は政治参加や言論の自由を制限する見返りに、無償の公共サービス、税金の免除、公務員としての雇用といった形で豊富な石油収入を国民に分配し、生活上の満足感を与えることで、その立場を保ってきた。その一つが、料金がほとんどタダに近い水道の普及だった。つまり、利用者が料金を気にせず水道を利用するための費用をほぼ全面的に負担することは、ペルシャ湾岸諸国の政府にとって、重要な権力基盤の一つなのである。

その水道事業に海外企業の参入が認められるようになった転機は、「逆石油危機」とも呼ばれた1980年代の原油価格の下落にあった。財政危機に直面し、さらに人口増加や都市化が進むなか、1990年代に各国は公共サービス改革を余儀なくされた。このなかで、とりわけ政治的な問題になりやすい水道に関しても、1998年にアラブ首長国連邦のアブダビでPPPに必要な法整備が行われたことをきっかけに、各国で同様の動きが広がった。

ところが、ここでペルシャ湾岸諸国の政府は一つのジレンマに直面した。それは「技術が不足する以上、水道事業の経営改善のために海外企業の参入を促したいが、まともに市場メカニズムを導入すれば、これまで安く設定していた水道料金を引き上げざるを得ない」ことだった。他の地域で「水道民営化」後にみられた数十％の引き上げともなれば、国民に生活上の満足感を与えることによって成立する各国政府の支配の正当性を傷つけかねない。そのため、ペルシャ湾岸諸国では、民間企業に委託した場合でも、政府が補助金などを充当して、水道料金の上昇を抑え続けたのである。

例えば、サウジアラビアの事例をみてみよう。サウジアラビアでは２００８年、水道事業のＰＰＰを統括する国立水道会社が１００％政府の出資で設立された。同年、国立水道会社は首都リヤドの水道事業の経営をヴェオリアに、ジェッダでの水道経営をスエズに、それぞれ委託したが、契約では国立水道会社が資金を調達するとされた。

民間委託以前、サウジアラビアの水道局は作業に時間がかかるなど、利用者からの不満が多かったが、海外企業による操業で、リヤドやジェッダの水道事情は確かに改善された。国立水道会社などの調査によると、これらの街での顧客満足度は契約が結ばれた２００８年には45％にとどまっていたが、２０１２年には84％に至った。

ただし、それにつれて国立水道会社の負担も重くなり、２００９年に６億３１００万ドルだった支出は２０１３年には９億７１００万ドルにまで増えた。つまり、施設の敷設や修理は、技術水準の低いサウジアラビアの水道局に代わって民間企業が行うことで加速したが、水道料金の引き上げがほとんど行われなかった結果、国立水道会社の支出はむしろ増えたのである。

この状況は、サウジアラビア以外の各国にもほぼ共通する。アラビアン・ガルフ大学のワリード・ズバリ教授らの２０１７年の調査によると、水道事業に係るコストに対する料金収入の割合は、ペルシャ湾岸諸国の平均でわずか８％にとどまった。この支出と収入のギャップの大きさは、ペルシャ湾岸諸国が抱えるジレンマを象徴する。これはいわば、利用者からの料金徴収を控えてきた、石油収入が豊富な国ならではの悩みともいえるが、そこに持続性があるかは疑わしい。２０１４年以来、原油価格が下落するなか、このジレンマはさらに深まっているとみてよいだろう。

## どの国が成功例といえるか

これまでみてきたように、「水道民営化」には国ごとに特徴があるが、そのなかで成功例と呼べる国はあるのだろうか。あるいは、そもそも「水道民営化」の成功例とは何を意味するのだろうか。

一般的に、「水道民営化」の成功、失敗というと、料金高騰や水質悪化があったか否かなどが浮かびやすい。ただし、「水道民営化」を行った国では、多かれ少なかれ料金高騰や水質悪化などへの不満が噴出しており、豊富な石油収入で政府が丸抱えしているペルシャ湾岸諸国を除けば、これらの問題のない国は皆無といってよい。

その一方で、公営だから安全とは限らない。むしろ、第1章で述べたように、重要なことは公営か民営かといった経営主体ではなく、いかに透明性を確保し、水道事業者の活動を可視化できるかにある。

だとすれば、「水道民営化」の成功や失敗はむしろ、問題が発生するという前提のもと、不当な料金請求や安全対策の手抜きを防ぐために民間事業者を監督し、利用者からの不満が大きい場合には軌道修正できる仕組みが整っているかで判断すべきだろう。言い換えると、「民間企業の活力を水道事業に注入することで、質の高いサービスを提供する」という本来の理想に近づける体制が築けているものを、「水道民営化」の成功例と呼ぶべきである。逆にいえば、民間事業者の参入がいくら多くとも、利用者から批判が噴出したり、そうした問題を是正したりできない国を、成功例と呼ぶことは適当でない。

そこで、本章で取り上げた各国を、以下の三点で評価してみよう。

・一旦民営化されながら再公営化された割合
・問題が発生した場合に抗議デモ、訴訟、住民投票などの激しい抵抗が生まれた程度
・プリンシパル・エージェント問題の発生しやすさ

この評価基準に従っていえば、ほとんどの国は成功例と呼べない。
フランスとアメリカは、どちらも再公営化の発生数が多いが、民間事業者への委託の割合がもともと少ないアメリカでは、再公営化の割合は高くなる。導入件数が必ずしも多くないのに再公営化された件数が多いという意味で、アメリカはボリビアや南アフリカに近い。

独自路線を歩むイギリスの場合、監督体制はあり、再公営化はゼロだが、完全に民営化していることが足かせとなり、利益の出にくい構造を是正することは難しい。

一方、フィリピンや中国でも再公営化の件数は少ないが、政府・自治体と民間事業者が癒着しやすく、料金高騰などの問題はコントロールされにくい。利用者の不満が力ずくで

抑え込まれているという意味で、これらもやはり成功例とは呼びにくい。

また、サウジアラビアなどペルシャ湾岸諸国でも再公営化の件数は少なく、これらでは水質やサービスが民間参入でむしろ改善したといえる。ただし、これらは石油収入を握る政府が潤沢に資金を投入しているからこそ可能なのであり、原油価格が下落し、人口増加が続くなかでは持続性に難があるばかりか、情報の透明性が低いことでは他の各国をもしのぐ。

こうしてみたとき、取り上げたなかで成功例と呼べるのは、ドイツとブラジルだけとなる。この両国では、形態はそれぞれで異なっていても、いずれも自治体が民間企業を監督できる体制が築かれ、さらに問題が発生した場合に利用者が強く抵抗してきた。それが、ドイツとブラジルで、価格高騰、水質悪化、再公営化といったリスクを低い水準に抑えながらの「水道民営化」を実現させたといえる。

規制緩和論者は、とかく規制を緩めることにのみ偏りがちだ。しかし、ただの規制緩和ではなく、むしろ社会への悪影響を防ぐ規制を死守できるかが「水道民営化」の成否の分かれ目になる。日本の２０１８年改正水道法で決定的に弱い視点は、まさにこの点にあるといえるだろう。

# 第3章

# 日本の水道水は安くて安全？

## 日本の水道を一から見直す

### 世界屈指の水道システム

世界各国で「水道民営化」が実施され、その多くで期待されたほど成果があがっていないにもかかわらず、日本政府は水道事業への民間企業の参入を推し進めようとしている。そこで強調されるのが「水道の危機」だ。つまり、危機を救う手段として「水道民営化」の有効性が唱えられているのだが、果たして日本の水道システムはどれほど危ういのだろうか。「水道民営化」という解決策の良し悪しを考えるとき、まずその大前提として、日本の水道そのものを改めて見直す必要がある。

まず、日本の水道の歴史を簡単に振り返ってみよう。水道は近代以降の日本の歴史の一側面であり続けた。日本初の近代水道は、開国から間もない1887年（明治20年）に横浜で敷設された。これは外国人の到来とともに持ち込まれたコレラなどの感染症の対策でもあった。それ以来、函館、長崎など港湾都市を中心に進んだ水道の敷設は、やがて東京、大阪などの大都市にも至った。

しかし、第二次世界大戦以前、人口の多くを占めていた農村ではその限りでなく、戦後の1950年段階でも全国の水道普及率は約26％にとどまっていた（厚生労働省）。これが一気に進んだのは高度経済成長期で、水道普及率は1960年に約53％、1970年には約81％と急激に伸びていき、バブル崩壊の直前1990年には約95％にまで達した。

こうして普及した日本の水道は、そのコストパフォーマンスの高さで世界でも屈指のレベルにある。これを料金、アクセスのしやすさ、サービスの三点からみていこう。

第一に、日本の水道料金は安い。国内だけをみれば水道料金が少しずつあがることへの不満もあるだろうが、国際的にみればその安さは圧倒的だ。

国際水道連合のデータベースによると、2017年段階での100㎥当たりの水道使用料は、東京で211・49ドル（約2万2000円）、大阪で170・61ドル（約1万8000円）だった。これはロンドン、パリ、ベルリン、ニューヨークなど他の先進国の主要都市より、ブダペストやイスタンブールなどの新興国の水準に近い。これらの都市には水道事業が民間企業によって経営されているところも含まれる。物価水準に照らして考えれば、日本ではやや安すぎるとさえいえるかもしれない。

第二に、安全な水を利用できる人口の割合で、日本は世界最高水準に近い。世界銀行の

## 世界各都市の100㎥あたりの水道使用料（2017年）

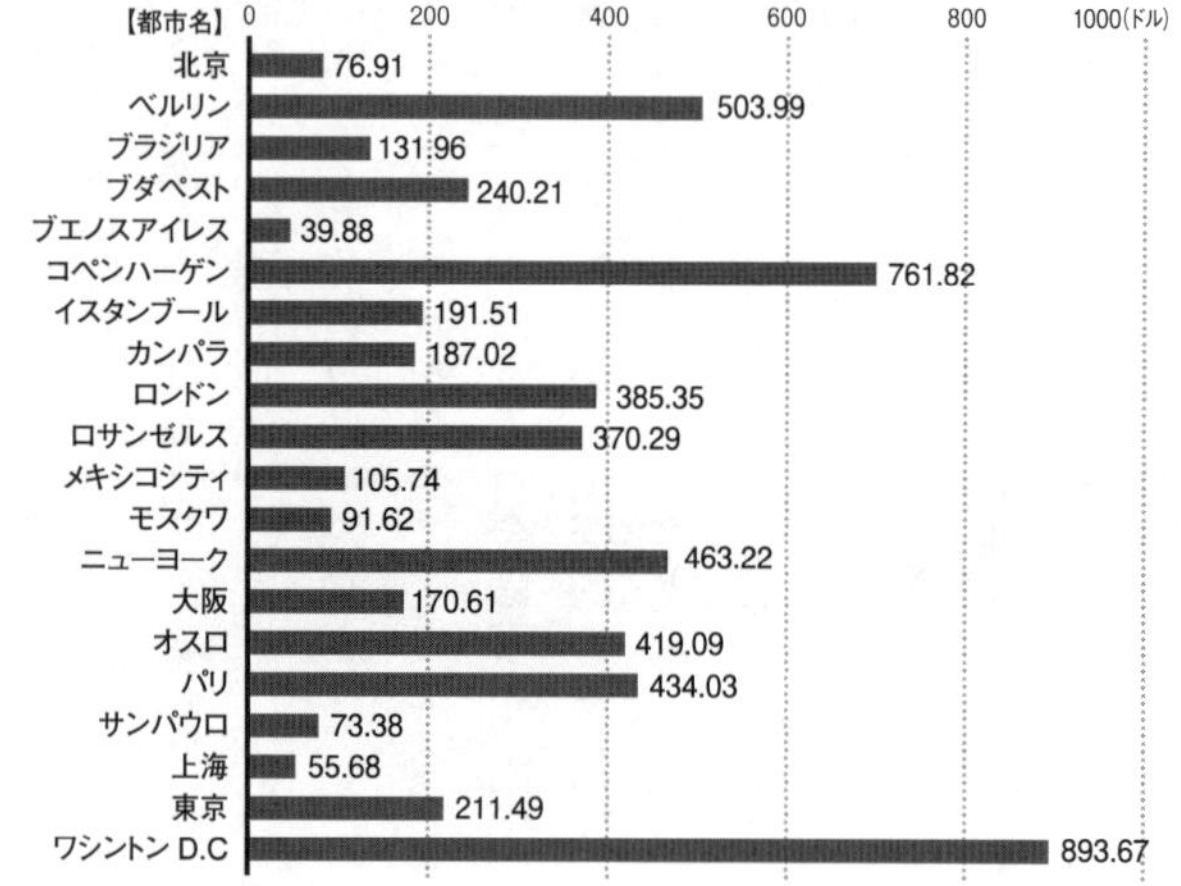

出所＝国際水連合のデータベースより作成

統計によると、２０１５年段階の日本では、安全な飲料水、下水システムにアクセスできる人口の割合がそれぞれ、約98・９％、１００％だった。世界銀行の統計でいう「安全な飲料水」の定義には、ろ過装置などを設置した井戸なども含まれ、日本でも地域によっては井戸が利用されるところもあるが、ほとんどの人が水道の普及で生活用水に困らない状態にあることは確かだ。さらに、水道の普及には感染症の予防といった公衆衛生や海洋汚染の防止といった自然環境対策としての意味もあり、こうした面でも日本の水準の高さをうかがえる。

そして最後に、日本の水道はメンテナンスの水準も高い。２００８年の自民党「水

## 世界各国で最低限安全な水、下水道サービスにアクセスできる人口割合（2015年時点）

| 国名 | 最低限の安全な水にアクセスできる割合（％） | 最低限の下水道サービスにアクセスできる割合（％） | 国名 | 最低限の安全な水にアクセスできる割合（％） | 最低限の下水道サービスにアクセスできる割合（％） |
|---|---|---|---|---|---|
| 日本 | 98.9 | 100.0 | カンボジア | 75.0 | 48.8 |
| アメリカ | 99.2 | 100.0 | ネパール | 87.7 | 46.1 |
| イギリス | 100.0 | 99.1 | ブラジル | 97.5 | 86.1 |
| フランス | 100.0 | 98.7 | ボリビア | 92.9 | 52.6 |
| ドイツ | 100.0 | 99.2 | コロンビア | 96.5 | 84.4 |
| ハンガリー | 100.0 | 98.0 | ニカラグア | 82.3 | 76.3 |
| エストニア | 99.6 | 99.6 | サウジアラビア | 100.0 | 100.0 |
| 中国 | 95.8 | 75.0 | モロッコ | 83.0 | 83.5 |
| フィリピン | 90.5 | 75.0 | 南アフリカ | 84.7 | 73.1 |
| インド | 87.6 | 44.2 | ケニア | 58.5 | 29.8 |

出所＝World Bank, World Development Indicators.

の安全保障研究会」の最終報告書の資料によると、東京の水道における漏水率は３・６％で、当時ヴェオリアが水道を経営していたベルリン（５・０％）や、完全民営化を果たしていたロンドン（26・５％）を抑えて一位だった。

このように質の高い日本の水道システムは海外からも評価されている。例えば２００７年、トルコのイスタンブール上下水道局は、以下の項目に沿って世界13都市を調査した。

・水管理における行政資源の充足度（サービスを受ける顧客数など7項目）
・清潔な水の管理における効率と技術的インフラの充足度（料金請求に対する回収

率など30項目）
・水質管理と監視の充足度（1日に採集される資料の数など13項目）
・下水管理インフラの効率と充足度（下水処理場の平均流水量など11項目）
・水管理における情報源の充足度（組織内部のコミュニケーションのレベルなど10項目）

この包括的な調査で、東京は世界一と評価された。日本人の多くが当たり前に思っている日本の水道システムは、実は世界屈指の水準にあるのだ。

## 「安くて安全」の裏側

ただし、日本の水道が「安くて安全」であるとしても、それが今後も続くかは話が別だ。むしろ、日本の水道には難問が山積している。以下では、これを主に、厚生労働省が2017年に発表した資料「水道行政の動向―冬山に挑む水道事業」のデータからみていこう。

まず、老朽化の問題である。他のインフラと同じく、水道管など水道設備も永久に使えるわけではなく、明治時代から高度経済成長期にかけて敷設された多くの水道管は、すでに寿命を迎えている。法律で定められた耐用年数を過ぎた水道管が全ての水道管に占める割合を、管路経年化率と呼ぶ。2006年に6%だった管路経年化率は、2015年には13・6%とほぼ倍増した。

老朽化が急速に進む一つの原因は、耐用年数を過ぎた水道管の更新が進んでいないことにある。これを表すのが、更新された水道管が全体に占める割合を示す管路更新率だ。2006年に0・97%だった管路更新率は、2015年には0・74%に下落した。つまり、水道管の老朽化が徐々に進む一方、その付け替えは追い付いていない。この状況が続けば、水漏れや水質悪化を招きかねず、世界屈指の水道システムも存続が難しくなる。

おまけに、たとえ耐用年数が過ぎていなくても、付け替えが必要な場合もある。地震国である日本では、あらゆる建造物と同じく水道設備にも耐震補強が必要だが、水道管のうち耐震適合性のあるものの割合は、2015年段階の全国平均で37・2%にとどまった。これには地域差も大きく、最も高い神奈川県(67・0%)と最も低い鹿児島県(20・2%)の間に40ポイント以上の差があった。50%を超えているのは神奈川県の他、愛知県(58・4%)、千葉県(54・6%)、福島県(51・9%)の四県にとどまり、ほとんどの都道府県では耐震化が進んでいない。

こうしてみたとき、「安くて安全」な日本の水道システムは、非常にもろい基盤のうえに成り立っているといえる。

## 資金の不足

必要なメンテナンスや更新が追い付かない最大の要因は、資金や人員などのリソースの不足にある。このうち、まず資金についてみていこう。

すでに述べたように、水道事業は独立採算が原則だ。メンテナンスや更新に必要な資金をねん出する必要があるため、すでに多くの自治体で水道料金が引き上げられており、総務省の『地方公営企業年鑑』によると、2012年に全国平均で100・6%だった料金回収率は、2016年には106・7%にまであがった。なかには、回収率が120%を超える自治体すら150カ所（全体の12%）あったが、これは「とりすぎ」というより、現在の給水にかかるコストに加えて、長期的な投資に必要な資金を調達するためとみた方がよい。

しかし、それでも第1章で取り上げたように、水道関連の投資額は年々減少している。つまり、これまでの料金の引き上げでは、老朽化した水道管の更新や耐震化工事などに必要な資金の調達に必ずしも十分ではないのだ。

そこには、利用者の側にも問題がある。「安くて安全な水道が実はもろいもの」という理解が広く浸透しているとは言いにくい。そのなかで水道料金の引き上げには限界があり、これがメンテナンスや更新にブレーキをかけている。

その結果でもある資金難は、とりわけ小規模な自治体に目立つ。料金回収率は全国平均で向上していても、全国の自治体の約33%では100%を下回っており、その多くは小規模な自治体とみられる。小規模な自治体で、あくまで独立採算の原則に忠実に料金を徴収すれば、一世帯当たりの負担が大きくなりすぎ、かといって料金徴収が十分でなければ、その他の公費を投入して補わざるを得なくなる（実際、給水人口が100人以上5000人未満のものは簡易水道事業と呼ばれ、独立採算の原則が適用されず、国庫補助の対象となっている。なお、給水人口が100人未満の場合は飲料水供給施設と呼ばれ、水道法の適用外であるため、ここでは取り上げない）。

小規模な水道事業者の苦境を表すのが、累積欠損金比率と呼ばれる指標だ。これは収益に占める損失（繰越金などでも補てんできず、複数年度にわたって累積した損失）を指し、0%以下なら健全な経営といえるが、総務省の『水道事業経営指標』によると、政令指定都市を除くほぼ全てで累積欠損金が発生している。なかでも人口が5000人以上1万人未

**都市の人口規模別、水道事業の累積欠損金比率**

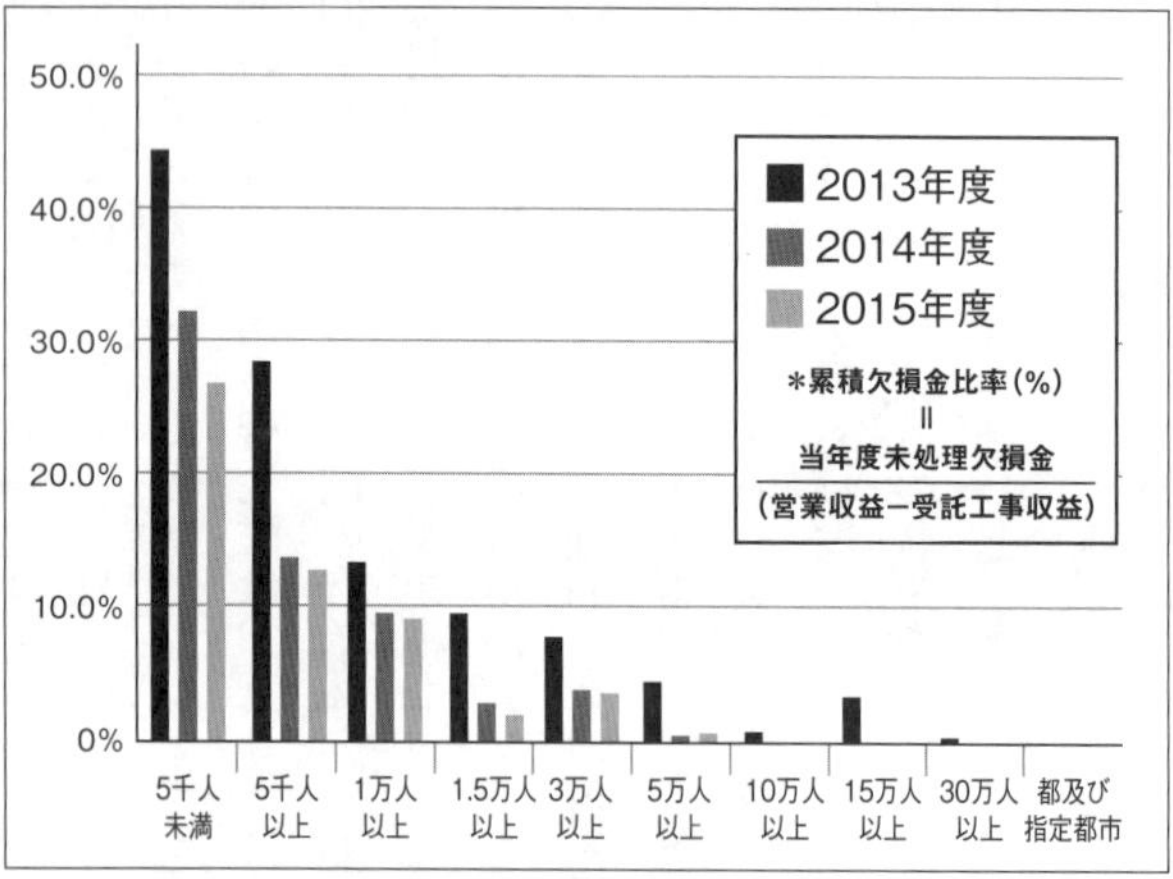


出所＝「総務省 平成27年度 水道事業経営指標」より作成

満の自治体の場合、2015年段階で平均10%を上回り、同じ年の全国平均（0・9%）の10倍以上にのぼった。水道料金が少しずつ値上がりしていることもあって、全国平均での累積欠損金比率には改善傾向がみられるものの、人口減少が進む小さな自治体ほど資金難に陥りやすく、必要な投資が難しくなる構図がうかがえる。

　とはいえ、政令指定都市をはじめとする都市も問題がないわけではない。ほとんどの都市でも利用者は減少しているが、水道料金の引き上げには限界がある。しかし、それでも都市では工場などの大口利用者が多く、しかも水道料金の設定には使用量が多いほど料金が増える「逓増制」が採用されることが一般的だ。つまり、都市には小口の一般利用者からの料金の不足分を、大口利用者が多めに料金を支払うことで補完する構図があるのだ。大和総研の調査報告によると、こうした状況は全国の水道事業者の約3割を占め、そのほとんどが人口30万人以上の自治体である。小規模な自治体と比べて都市の水道経営が安定しているのは、この構造によるところが大きい。

ところが、グローバル化によって工場などの海外移転はもはや珍しくなく、大口利用者も年々減少している。さらに、大口利用者のなかには料金が割高になりやすい水道を嫌い、私設の専用水道を導入するケースまである。そのため、大口利用者からの料金収入に依存した構造が持続するかは疑わしいのだが、自治体にとってその不足分を小口の一般利用者に転嫁することはハードルが高い。要するに、長期的に資金調達が難しくなっている点では都市も同じといえる。

## 深刻な人手不足がもたらす非効率

資金だけでなく、人員の不足も水道事業の持続性を脅かしかねない。第1章で取り上げたように、水道職員は20年間で約2割減少しているが、人手不足は特に小規模な水道事業

## 給水人口別の水道事業者数（2015年度）

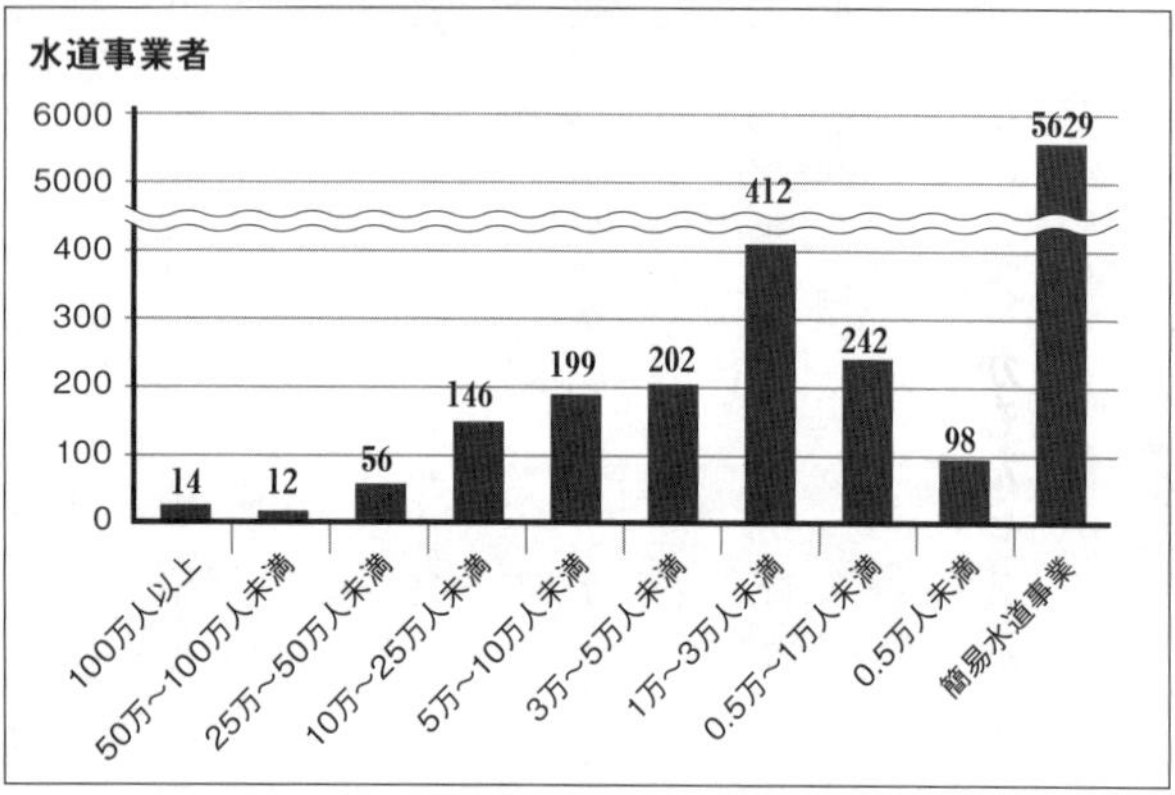


出所＝「平成27年度水道統計」（日本水道協会）、「平成27年度簡易水道統計」（全国簡易水道協議会）より作成

者で深刻な問題だ。

確認しておくと、小規模な自治体は日本のほとんどを占める。簡易水道事業を除いた場合、２０１５年段階での水道事業者の数を規模別でみると、最も多いのは人口が１万人以上３万人未満の４１２市町村だった（日本水道協会『水道統計』）。これは全国の約30％にのぼる。人口５万人未満にまで枠を広げると、その合計は９５４市町村で、全体の約70％を占める。

人口規模が５万人未満の自治体では、平均で約11人の職員で水道事業が運営されており、下水処理場の管理などを行う技能職がゼロであることも珍しくない。１万人未満の自治体に限ってみると、全ての職種を含めても平均

## 水道事業における職員数の規模別分布

| 給水人口 | 事業ごとの平均職員数 | | | | | | (参考)事業数 |
|---|---|---|---|---|---|---|---|
| | 事務職 | 技術職 | 技能職その他 | 合計 | 最多 | 最少 | |
| 100万人以上 | 338 | 488 | 133 | 959 | 3,847 | 348 | 15 |
| 50万人～100万人未満 | 74 | 111 | 16 | 201 | 370 | 115 | 14 |
| 25万人～50万人未満 | 37 | 65 | 9 | 111 | 223 | 35 | 60 |
| 10万人～25万人未満 | 17 | 22 | 2 | 41 | 171 | 13 | 161 |
| 5万人～10万人未満 | 9 | 10 | 1 | 20 | 70 | 4 | 221 |
| 3万人～5万人未満 | 6 | 4 | 0 | 11 | 33 | 3 | 230 |
| 2万人～3万人未満 | 4 | 3 | 0 | 8 | 21 | 1 | 156 |
| 1万人～2万人未満 | 3 | 2 | 0 | 5 | 21 | 1 | 289 |
| 0.5万人～1万人未満 | 2 | 1 | 0 | 3 | 15 | 1 | 238 |
| 0.5万人未満 | 1 | 0 | 0 | 1 | 2 | 1 | 4 |

*職員数は、人口規模の範囲にある事業の平均
*最多、最少は人口規模の範囲にある事業の最多、最少の職員数
出所＝「平成26年度水道統計」(日本水道協会)より作成

で1～3人だ。

人手が足りないことは、日常業務にも支障をきたすことになる。職員一人当たりにかかる負担が大きくなるため、本来は必要な作業さえ行えなくなることが珍しくないのだ。

厚生労働省が2016年に実施した調査によると、全国の水道事業者のうち、漏水など水道管の定期点検を行っていなかった割合は74・4％にのぼった。同じ調査では、ポンプなど機械電気計装設備では28・1％で、配水池などコンクリート構造物に至っては91・5％で、それぞれ定期点検が行われていないことが明らかになった。その多くは人手が少ない小規模事業者とみられる

が、定期点検さえ満足に行えないとなると、安全な水道の根幹にかかわる。

さらに、人員の不足は、水道事業の効率化も難しくする。業務を効率化する第一歩は現状を客観的に把握することにあるが、日常業務に追われていれば、改めて自らを振り返ることまで手が回らなくなりやすい。

厚生労働省は2009年、「水道事業におけるアセットマネジメント（資産管理）に関する手引き」を作成し、水道事業者に設備の更新需要と財政収支の見通しを試算するよう促した。ところが、このアセットマネジメントの実施率を自治体の規模別に比べると、2016年段階で50万人以上の都市では100％だったものの、人口規模が小さくなるにつれその割合は低下し、5万人未満の自治体では62・1％にとどまった。同じ年の調査で、台帳を整備して水道施設のデータを整理することさえできていない事業者が約39％にのぼることも判明したが、その多くはやはり小規模の自治体とみられる。

このように人員が十分ではないことによって現状の把握さえできなければ、変化に順応するための対応も難しくなる。言い換えると、余裕がないために、これまでの業務を継続することで精いっぱいになりやすい。

実際、2017年に厚生労働省が総務省とともに調査したところでは、料金改定の必要

# 愛読者カード

このハガキにご記入頂きました個人情報は、今後の新刊企画・読者サービスの参考、ならびに弊社からの各種ご案内に利用させて頂きます。

●本書の書名

●お買い求めの動機をお聞かせください。
1. 著者が好きだから　2. タイトルに惹かれて　3. 内容がおもしろそうだから
4. 装丁がよかったから　5. 友人、知人にすすめられて　6. 小社HP
7. 新聞広告（朝、読、毎、日経、産経、他）　8. WEBで（サイト名　　　　）
9. 書評やTVで見て（　　　　）　10. その他（　　　　）

●本書について率直なご意見、ご感想をお聞かせください。

●定期的にご覧になっているTV番組・雑誌もしくはWEBサイトをお聞かせください。
（　　　　　　　　）

●月何冊くらい本を読みますか。
（　　　　冊）

●本書をお求めになった書店名をお聞かせください。
（　　　　　　　　）

●最近読んでおもしろかった本は何ですか。
（　　　　　　　　）

●お好きな作家をお聞かせください。
（　　　　　　　　）

●今後お読みになりたい著者、テーマなどをお聞かせください。

郵　便　は　が　き

お手数ですが
62円分切手を
お貼りください

1 7 1 - 0 0 2 1

東京都豊島区西池袋５丁目26番19号
陸王西池袋ビル４階

KKベストセラーズ
書籍編集部行

おところ　〒

Eメール　@　TEL　(　)

(フリガナ)
おなまえ

年齢　歳
性別　男・女

ご職業
会社員
公務員
教　職（小、中、高、大、その他）
無　職（主婦、家事、その他）
学生（小、中、高、大、その他）
自営
パート・アルバイト
その他（　）

## 水道料金改定の必要性の定期的な検証をしていない事業と事業に係る収支の見通しを作成していない事業の給水人口規模別割合

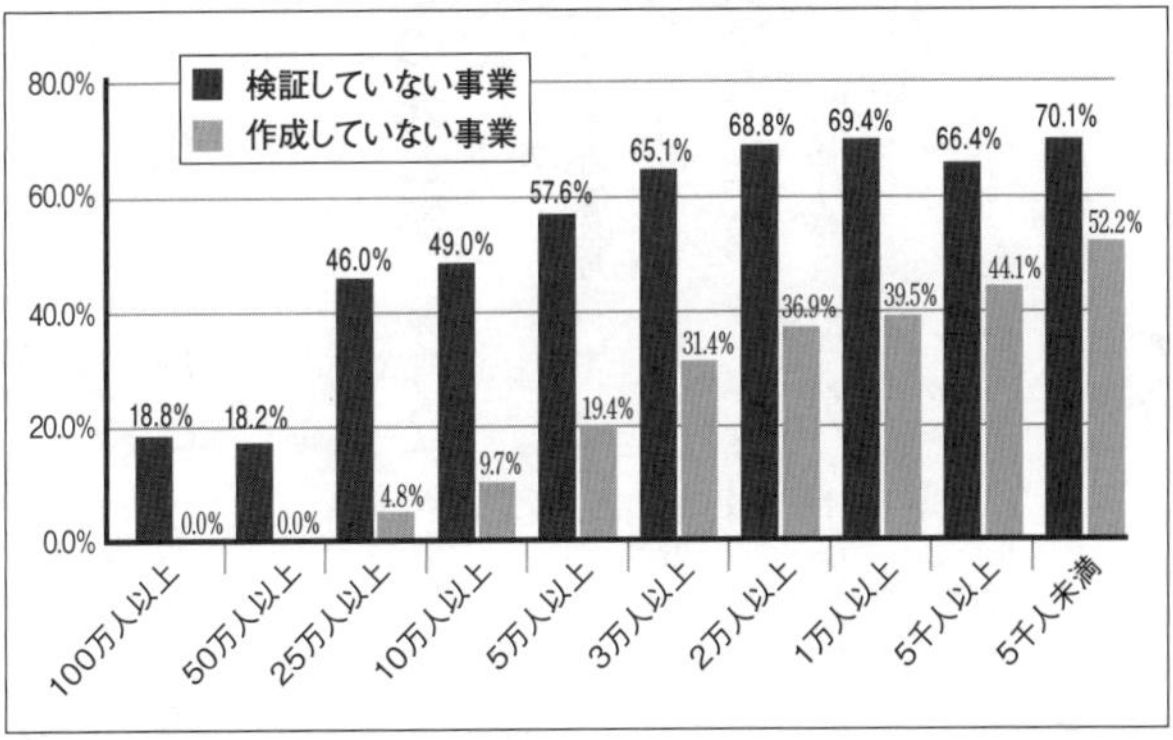


出所＝平成29年7月厚生労働省・総務省調べ

性を定期的に検証していない水道事業者は全体の64％を占めたが、これもやはり規模によって差があり、50万人以上100万人未満の都市では18・2％、100万人以上の都市では18・8％だったのに対して、1万人以上2万人未満の規模の自治体では69・4％、5000人以上1万人未満の自治体では66・4％にのぼった。社会環境が変化するなか、水道料金の見直しは避けられないが、小規模な自治体ではそのための検証すらできない状況がうかがえる。

　また、同じ調査では水道事業にかかわる収支の見通しの作成状況も調べられたが、これを実施していない割合は、50万人以上100万人未満、100万人以上のそれぞれの都市で0%だったのに対して、1万人以上2万人未満の自治体では39・5%、5000人以上1万人未満の自治体では44・1%にのぼった。ここから、人手不足が深刻な小規模事業者は、現状の把握だけでなく、将来の見通しすら立てにくい状況にあるといえるだろう。

## 広域化の光と影

### 「冬山に挑む水道事業」

課題山積の状況を受けて、厚生労働省は2017年の「冬山に挑む水道事業」で水道事業の窮状を訴えている。「冬山」という表現からは、水道事業が厳しい状況にあり、油断していると命取りになるが、十分な備えをしていれば乗り越えられないものではない、という意図がうかがえる。

「冬山」を克服する手段として厚生労働省が強調しているのが広域化とPPPで、これらは2018年改正水道法の骨子ともなっている。以下ではまず、このうちの広域化の目的と意味について、改めて考えみよう。

ここでいう広域化とは、文字通り、細かく分かれている水道事業を自治体の垣根を越えて連携する体制を築くことを意味する。そのなかには施設の共同化だけでなく、水道事業者同士の事業統合（水平統合）や、ダムなど水源を保有して水道事業者に水を提供する事業（水道用水供給事業と呼ぶ）を含めた事業統合（垂直統合）、さらに施設は分散していても経営を一体化させるなど、さまざまなヴァリエーションがある。これらはいずれも規模を拡大することで重複やムダを削減して事業を効率化し、それによって水道料金の上昇を抑えることを大きな目的とする。

先述のように、とりわけ小規模な自治体では、規模が小さいがゆえに人員や資金が不足しやすく、かといって水道料金をひたすら引き上げることも実際には難しいため、資金や人員の不足を解消しにくく、結果的に設備の定期検査やアセットマネジメント、長期的な事業計画の策定などに支障が出るという悪循環がある。規模の拡大による効率化を目指す広域化は、その一つの対策と位置付けられているのだ。

## 広域化の歴史

２０１８年改正水道法は、こうした広域化を推し進めようとするものだ。ただし、注意すべきは、広域化の方針は2018年にいきなり打ち出されたわけでなく、長い積み重ねの延長線上に出てきたことだ。

もともと、日本の水道には、広域化の長い歴史がある。歴史を紐解くと、1919年（大正8年）に東京の南葛飾から北豊島にかけての12町村が近代的な上水道の整備を目的に江戸川上水町村組合を結成したことが、日本初の広域化プロジェクトになった。その後、都道府県のかかわる初めての広域化として1936年（昭和11年）に神奈川県営水道が、水道用水供給事業を含む初の垂直統合として1942年（昭和17年）に阪神上水道市町村組合（現阪神水道企業団）が、それぞれ発足した。

戦前からあった水道事業の広域化は、政府の支援を受け、戦後さらに加速した。水道が普及しつつあった、高度経済成長まっただなかの1967年（昭和42年）、水源を確保するための国庫補助制度が創設され、これによって水道水源開発施設については3分の1、水道広域化施設については4分の1の整備費補助が行われることになった。現場レベルで始まった広域化を、戦後になって政府は積極的にバックアップし始めたのである。

政府のこの働きかけは、水道事業が拡張期から成熟期を迎え、「冬山」が視野に入り始めた2000年代に加速した。2004年に厚生労働省は「水道ビジョン」を発表し、ここで水道事業の基盤を強化するための方策として、従来の設備の共同化だけでなく、施設は分散していても経営や運転管理を一体化するといった、新たな広域化の概念を打ち出した。先述した現在の広域化のヴァリエーションは、これによって自治体に示されたものだ。「水道ビジョン」が発表されたタイミングは、小泉政権のもとで平成の大合併が推し進められた時期に合致する。規模の拡大による効率の向上という考え方で市町村合併と共通する水道事業の広域化は、小泉政権の誕生によって加速したのである。

## 広域化に効果はあるか

それでは、実際に広域化によって期待通りの成果は出るのだろうか。

これに関して参考になるのが、「冬山に挑む水道事業」作成段階の２０１７年に厚生労働省が行ったアンケート調査である。その調査対象になった全国13の水道事業者はいずれも、「水道ビジョン」の発表を受けて２００６年以降に広域化を実現させており、いわばその直近の体験談を聞き取り調査したものだ。

この調査によると、「広域化の前に取り組もうとしていた事業」に関する質問への回答で多かったものは、「施設の共同化」（69％）が最も多く、これに「料金格差の解消」（62

**広域化を実現した13の道府県と事業体名**

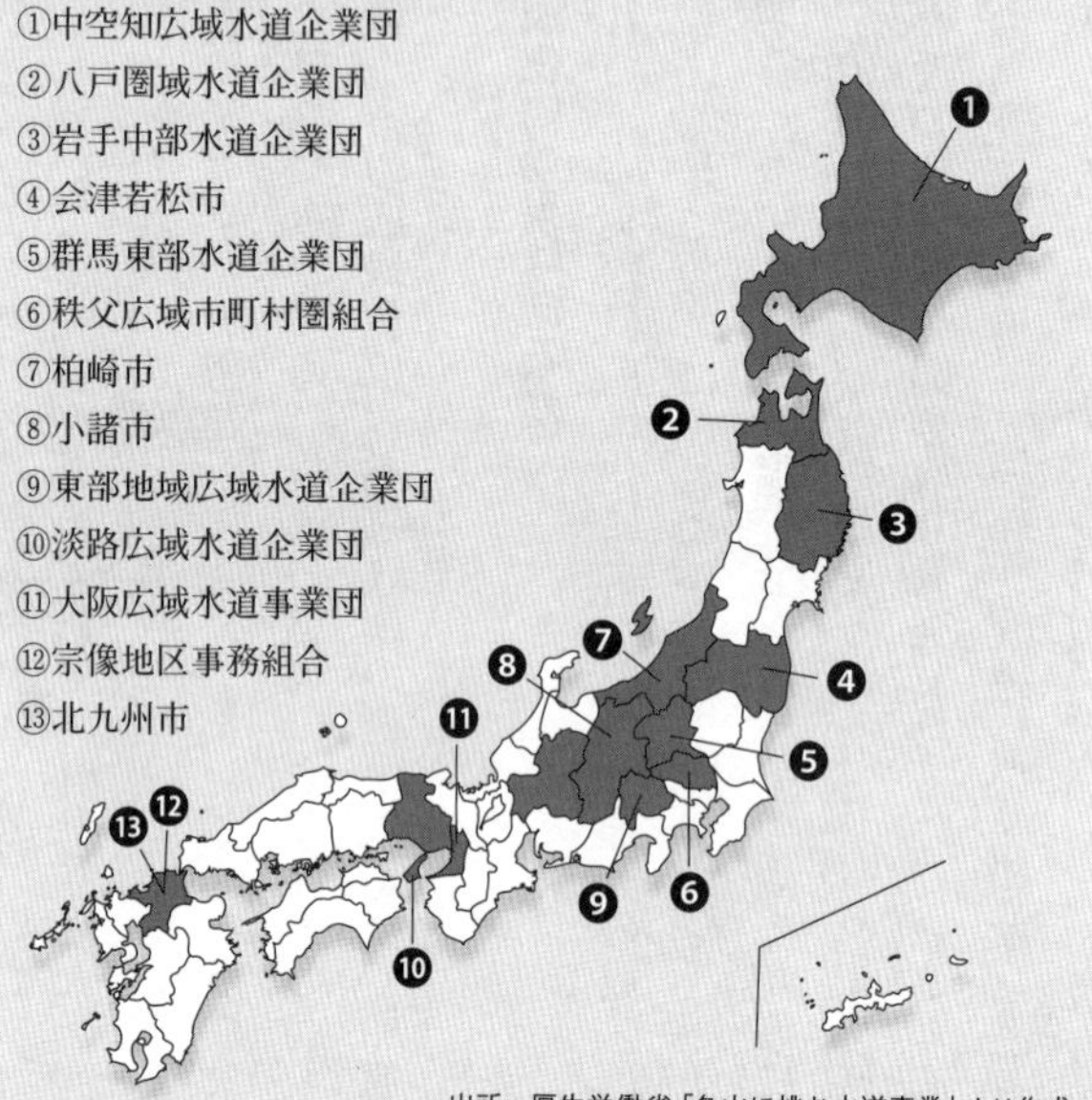


出所＝厚生労働省「冬山に挑む水道事業」より作成

%)、「中長期的な施設管理水準の向上」(54%)などが続いた。13の広域化の事案は、大阪市を除く大阪府が全域で経営統合(会計は統一しない)した大阪広域水道企業団の事例を除くと、人口規模の小さい自治体のものがほとんどであり、これを考えればこれらの目的が上位にきたことは不思議ではない。

それでは、実際に広域化して、どんな効果があがったのか。この調査のうち「広域化した後の取り組みのなかで効果のあった事業」に関する質問で、最も多かった回答は「日常の施設管理水準の向上」と「災害対応・危機管理能力の向上」が同率一位（62％）で、これに「施設の共同化」（54％）などが続いた。ここからは、当初の目的とは異なるものの、広域化による効果を実感できたという回答が目立つ。とりわけ「日常の施設管理水準の向上」という回答が多かったことは、広域化による規模の拡大で人員などの余裕が生まれ、本来必要な作業に手が回るようになった状況がうかがえるが、メンテナンスの改善は水質などにもかかわるものだけに効果が注目される。

一方、この調査では「想定していたほど効果がなかった事項」に関しても質問されている。それに対する回答で最も多かったのは「人的および技術力の確保」、「中長期的な施設管理水準の向上」で、それぞれ25％だった。ここからは、広域化さえすれば全て改善されるというわけではないことがうかがえる。ただし、最も多い回答でも全体の４分の１にとどまったことを考えると、広域化した水道事業の当事者の間に「全くの期待外れ」という感想は多くないといえる。つまり、少なくともこれら13カ所の事例において、広域化は万能ではないものの、多かれ少なかれ水道事業の向上に寄与したとみてよいだろう。

そのため、多くの水道事業者は広域化に無関心ではない。水道事業者に対する２０１５

年の厚生労働省のアンケートで、「広域化の取り組み状況」に対する回答で「検討の予定なし」と明言したのは全体の28・8％にとどまり、60％以上は多かれ少なかれ広域化の必要性を感じていた。また、2006年以降に広域化した13の事例でも、広域化の発議で最も多かったのは「水道事業体」（62％）で、同率2位の「首長」、「議会」（いずれも15％）を大きく上回った。

## 広域化はなぜ進まなかったか

ところが、ここで一つ問題がある。広域化に多少なりとも効果があり、水道事業者の多くが必要性を感じているとすれば、これがなぜ広がらなかったか、である。

厚生労働省によると、2017年段階で実施中の広域連携事業に参加する市町村は全国で170、広域化を検討中の事案に参加する市町村は全国で174にとどまった。これらはそれぞれ、全市町村の約10分の1にすぎない。都道府県別でいうと、どちらも21道府県にとどまり、全国の半数以下だ。

広域化が進んでこなかった理由を考えるとき、ヒントになるのが同じ調査で行われた「広域化の検討をするうえで重要な点」に関する質問である。すでに広域化を実施した水

## 広域連携前の事業体間の水道料金の差と設定

| 広域連携前の事業体間の水道料金の差（最安に対する割合） | 事業体数 | 事業体 | 料金の設定 |
|---|---|---|---|
| 110％未満 | 3 | 小諸市 | 最安に合わせた。 |
| | | 東部地域広域水道企業団 | 最安に合わせた。 |
| | | 宗像地区事務組合 | 最安に合わせた。 |
| 110％～120％未満 | 2 | 岩手中部水道企業団 | 学識経験者と水道利用者で構成する料金検討委員会で審議していただいた。 |
| | | 淡路広域水道企業団 | 収支のバランスを取りながら、口径別料金体制において、口径別の逓増率で調整を行った。 |
| 120％～130％未満 | 1 | 中空知広域水道企業団 | 水道料金等調査特別委員会で審議。 |
| 130％以上 | 6 | 八戸圏域水道企業団 | 企業団にあわせた（結果として最高に合わせた）。 |
| | | 会津若松市 | 会津若松市水道料金を適用（最高に合わせた）。 |
| | | 群馬東部水道企業団 | —— |
| | | 柏崎市 | 柏崎市の料金に統一（最高に合わせた）。 |
| | | 北九州市（芦屋町） | 最安に合わせた。 |
| | | 北九州市（水巻町） | 最安に合わせた。 |

道事業者の回答のうち、最も多かったのは「各自治体の理解・合意」（46％）で、2位の「首長や管理者などのリーダーシップ」（21％）以下を大きく引き離した。広域化を検討中、あるいはこれから検討予定の事業者の回答もほぼ同じ結果だった。

つまり、いくら水道事業者が専門的観点から広域化を提案しても、自治体の首長、議会、さらに住民の間でその必要性や意義が理解されなければ進まない。実際、例えば秋田県では1990年、秋田市の余剰水を活用する目的で、同市と周辺の1市3町1村との間で広域化の協議が始まったが、料金や施設、水量の逼迫度などに差が大きく、むしろ単独経営の方がコスト負担は小さいという結論に達し、2013年に協議は物別れに終わった。

特に問題になりやすいのが水道料金だ。料金に格差がある事業者同士が連携する場合、料金を高い方に設定するのか、安い方に設定するのか。先述の13カ所の広域化案件を振り返ると、このうち10カ所で料金が統一されたが、そこに基準はなく、高くなる場合も安くなる場合もあった。

これらの事案では、自治体の間で広域化に向けた機運が少なからず共有されていたため、推進役となった水道事業者の努力もあって、問題が克服された。しかし、その場合でも水道事業者だけの交渉で済む話ではなく、市町村長や議会、住民の理解と同意を得なければ進まない。水道事業者以外に危機意識が乏しいこととローカルな政治が、広域化にとって大きなハードルといえるだろう。

これに加えて注目すべきは、とりわけ広域化の必要性があるとみられる小規模な自治体ほど、広域化に消極的な事業者が目立つことだ。先述の2015年の厚生労働省の調査で、「広域化を検討する予定はない」と回答した事業者の割合は、50万人以上の都市では16％

だったが、自治体の人口規模が小さくなるにつれて増え、1万人以上3万人未満では34%、1万人未満では35%だった。

小規模な自治体のなかには、離島や山間部など広域化が現実的なオプションではない立地条件のものも少なくない。しかし、これらを除いたとしても、再三強調してきたように、小規模な自治体の水道事業者ほど人手が足りず、なかには一人の職員が切りまわしている事業所も少なくない。定期点検や台帳整備、アセットマネジメントすら十分に実施できない状況で、さらにその先の広域化の検討にまで物理的に手が回らなかったとしても、無理もないことだ。実際、全国の水道事業者が加入する日本水道協会は、広域化の阻害要因の一つに「小規模事業体の疲弊」をあげている。

そのため、危機意識の共有に加えて、小規模な自治体や水道事業者が参入しやすい環境を生み出すことが、広域化の分かれ目になるといえるだろう。

## 広域化に向けた布石

こうした背景のもと、2012年に発足した第二次安倍政権は、広域化へのテコ入れを強化し始めた。この年、厚生労働省は2004年の「水道ビジョン」をバージョンアップさせる形で「新水道ビジョン」を発表し、このなかでは「発展的な広域化」と呼ばれる以下の三段階の方策が打ち出された。

・これまで検討すら行われてこなかった地域でも、とにかく近隣の水道事業者との検討の場をもつこと
・10年以上先を見据えて、消防や廃棄物処理など、関連する行政部門との連携も検討すること
・住民や議会との合意形成に配慮しながら、多様な連携の形態を模索すること

それ以前、広域化の案件の多くで、当事者である市町村や水道事業者の足並みが揃いにくかったことを踏まえ、「新水道ビジョン」では都道府県に連携を実現させるための調整や、河川の流域単位での連携を推進するリーダーシップが求められると明記された。これと連動して、水道事業者には戦略的な事業計画に関するマスタープランの作成も求められるようになった。これらはいわば、それまで滞りがちだった広域化を進めるために、政府が都道府県と水道事業者にムチをいれ始めたものといえるが、特に重要なことは、都道府

県の役割が強調されるようになったことだ。

従来、多くの都道府県は広域化に必ずしも熱心ではなく、そのほとんどが「必要な広域化なら市町村が自主的に行うべき」というスタンスだった。しかし、「新水道ビジョン」では都道府県に、市町村ごとの利害の不一致を調整し、とりわけ小規模な水道事業者を広域化に向かわせる役割が求められた。さらに翌２０１５年、厚生労働省に発足した水道事業基盤強化方策検討会は都道府県にいっそうムチをいれ、２０１６年の同検討会の中間とりまとめには、政府からの財政支援と引き換えに、都道府県が広域化のための協議会を設置し、水道事業基盤計画を策定することで、連携の推進役になるべきことが明記された。

こうして都道府県は一躍、好むと好まざるとにかかわらず、水道事業の広域化の中心的役割を担わされることになった。もっとも、それによって都道府県が急に広域化に熱心になったわけではない。実際、２０１７年の厚生労働省の調査によると、「事業体からの要請などにより都道府県が推進役となって主導・関与した広域連携の事例」が「過去にない」と回答した都道府県は42にのぼり、全体の89％を占めた。

ただし、その一方で、都道府県は政府からの強い要請を無視することもできない。その結果、２０１７年度末までに協議会の設置など広域化を推進するための体制を発足させた都道府県は全体の80％に近い37にのぼった。残る10都県もその後、同様の体制を段階的に発足させており、２０１８年改正水道法はこれに法的根拠を与えたものといえる。

こうしてみたとき、２０１８年改正水道法の二本柱のうちの一本である広域化に関しては、日本でもそれなりの歴史があるだけでなく、水道事業者の多くが必要性を感じており、さらに都道府県も少なくとも表面的には協力姿勢を示している。ところが、二本柱のもう一方である「水道民営化」に関しては、その限りではない。次節では、これについてみていこう。

## 「水道民営化」への底流

### コンセッション方式への不信

「水道民営化」は多くの日本人にとって「寝耳に水」かもしれない。しかし、詳しくは後で述べるように、実際には多くの自治体ですでに包括的業務委託やＤＢＯといった形態で水道事業に民間企業が参入している。ただし、２０１８年改正水道法で想定されている、水道事業の経営を民間企業に委ねるコンセッション方式に関しては話が別で、２０１９年

1月段階で日本では浜松市しか実現していない。

コンセッション方式の導入が進まなかった大きな理由は、広域化と異なり、都道府県や水道事業者の抵抗感が強かったことだ。このうち、まず都道府県の反応についてみていこう。

先述した2017年の厚生労働省のアンケート調査では、都道府県に対して、広域化の検討状況とともに「官民連携の検討状況」についても質問している。これによると、広域化に関してはほとんどの都道府県が検討していたのに対して、「官民連携の検討を行った」と回答した都道府県は、東京都、北海道、群馬県だけだった。

注意すべきは、この質問の趣旨だ。厚生労働省は「官民連携の検討状況」を問い合わせたわけだが、この段階ですでにこれら3都道県以外でも、すでに水道事業でさまざまな形態のPPPは実施されてきていた。だとすると、なぜこのタイミングで厚生労働省はわざわざ「官民連携の検討状況」を問い合わせたのか、そしてなぜほとんどの都道府県が「検討した」と答えなかったのか。

実はこの調査の2年前の2015年、すでに厚生労働省は水道事業者や民間企業を対象に、コンセッション方式の検討に関する調査を行っていた。これも後で詳しく述べるが、

2012年に第二次安倍政権が発足して以来、政府はそれまでになく水道事業への民間参入を強く後押ししてきた。したがって、2017年のアンケート調査で厚生労働省が質問した「官民連携」とは、暗にコンセッション方式を指していたとみてよいだろう。だとすると、この調査結果は、ほとんどの都道府県がコンセッション方式の導入に消極的、あるいは暗に拒絶していることを示す。

同様のことは、水道事業者に関してもいえる。2015年の厚生労働省の調査で、コンセッション方式の導入に向けた調査や計画作成に関する質問に、水道事業者のほとんどが「未定」と回答した。その割合を厚生労働省は明らかにしていないが、少なくとも水道事業者の多くがコンセッション方式の導入に熱心ではないことは確かだ。

これに関して、日本水道協会の特別会員でもある東京大学の滝沢智教授は、水道事業でPPPが進まない原因として、本書第1章でも述べた業務規制機関の不在とともに、水道事業者の懸念をあげている。滝沢教授の指摘する水道事業者の懸念とは、以下の四点である。

・技能を有する職員の減少

・サービスレベルの低下
・緊急時の対応
・費用削減の不確実性

これらの点に関して政府が説得力ある説明をしていないことが水道事業者にとっての不安材料であるとするなら、政府はそれをほぼ無視して、コンセッション方式の導入を前提とする2018年改正水道法の成立に向かったことになる。

## 「小さな政府」の本格化

2018年改正水道法で想定されるコンセッション方式の導入は、都道府県や水道事業者の意向をほとんど顧みていないが、一方では政府・自民党や旧民主党で以前から検討されてきたものである。これを日本の「水道民営化」の歴史を振り返りながらみていこう。

それまで公的機関が担ってきたサービスへの民間参入は、中曽根康弘政権（1982〜1987年）のもとで進み、1985年に電電公社、1986年に国鉄のそれぞれの民営化が決定したが、水道に関しては警戒や反対が多く、この段階では進まなかった。しかし、その後バブル経済が崩壊し、構造改革が進むなか、1999年の「民間資金等の活用による公共施設等の整備等の促進に関する法律」（PFI法）が、水道事業への民間参入の突破口になった。

PFI法では公共施設の建設、運営に民間の資金・技術を投入することが認められ、そこには道路、港湾、河川などとともに上下水道や工業用水道も含まれた。これに基づき、同年にはPFIのモデル事業として、東京都水道局が金町浄水場の常用発電設備を新設した（その他の水道に関するPFI事業の一覧は日本水道協会のウェブサイト上で公開されている）。

これをさらに加速させたのは、2001年の小泉政権の発足だった。「改革なくして成長なし」、「民間にできることは民間に」をキャッチフレーズに構造改革を掲げた小泉政権の「本丸」は郵政民営化だった。しかし、その陰で目立たなかったものの、2001年の水道法改正によって検針や料金徴収などの限定的業務委託が認められ、2004年には大阪府の大庭浄水場の残さ利用施設で初めて本格的なDBOが実施されるなど、水道事業の規制緩和も進んだ。

ただし、小泉政権でさえ、水道事業への民間参入には一定の歯止めがあった。前節でみたように、2004年に策定された「水道ビジョン」では広域化の必要性が強調された。その一方で、水道に関するPPPに関しては、「水道の運営管理は、本来、運営に責任を有する水道事業者などが自ら行うべき業務であるとの認識に立ち、水道事業者間の統合や水道水供給事業者との統合など市町村を超えた広域化、さらには都道府県、市町村、民間部門のそれぞれが有する長所、ノウハウを有効に活用した連携方策を推進し、その相乗効果により、事業の効果、効率性、需要者の満足度を高めていくものとする」と、あくまで水道事業者が経営に責任を負うという立場が維持された。つまり、小泉政権のもとでは、その他のPPPが推奨されても、民間企業が経営に責任を負うコンセッション方式までは想定されていなかったのである。

## 政権交代を超えた潮流

この歯止めは、2006年に発足した第一次安倍政権のもと、水道事業に関するPPPが本格化するなか、徐々に失われ始めた。

第一次安倍政権が進めた水の規制緩和の象徴は、2007年に自民党内で故・中川昭一元金融大臣を会長とする「水の安全保障に関する研究会」（後に水の安全保障研究会に改称）

が発足したことだった。ここでは資源としての水の安全管理や開発途上国における水道普及の国際協力などとともに、水道事業への民間参入に関する議論が行われ、同研究会の報告書を踏まえて、２００９年1月に森喜朗元総理、御手洗冨士夫経団連会長（当時）、丹保憲仁北海道大学名誉教授を発起人とする「水の安全保障戦略機構」が発足した。これは水に関する問題を省庁の垣根を越えて扱う産・学・官の連合体で、三菱商事などの総合商社、鹿島建設などの建築メーカー、荏原製作所などの化学メーカーなど、幅広い業種の企業が参加している。

これらの水道事業への進出を目指す民間企業が政府・自民党と直接、しかも公式に意見交換できる場ができたことは、その後の民間参入を加速度的に進める大きな原動力になった。こうした背景のもと、２００８年には「包括的民間委託など実施運営マニュアル」が発行され、これをきっかけに水道分野で包括的業務委託がそれまでになく普及し、２０１０年末までに全国で２２０カ所（全体の10％）以上の下水処理場が民間企業によって運営されている（国土交通省「包括的民間委託業務の概要」）。

さらに、同年に発注された横浜市の川井浄水場の再整備事業では、ＰＦＩのなかでも民間企業が設備を建設し、運営した後、公的機関にそれを譲渡するビルド・オペレート・トランスファー（ＢＯＴ）と呼ばれる方式が導入された。ＢＯＴそのものは、それまでにも神奈川県の寒川浄水場や埼玉県の大久保浄水場などで実施されていたが、これらが排水処理施設や非常用電源設備の敷設だったのに対して、川井浄水場は国内で初めてコア業務である浄水工程を含む案件だった点で異なる。つまり、水道事業のより中核的な部分まで民間企業が担う先例が、これによってできたのだ。

このように一度動き始めた水道事業への民間参入の潮流は、その後の民主党を中心とする連立政権の発足（２００９年）、自民・公明両党の政権奪還（２０１２年）といった政権交代でも途切れなかった。

民主党政権のもとでの変化のうち、２０１８年改正水道法との関係で重要なのは、２０１１年のＰＦＩ法改正だ。この改正ではＰＦＩの対象に船舶や人工衛星が加えられ、民間事業者によるＰＦＩ提案が制度化されるなど、範囲の拡大と柔軟な運用を目指した変更が加えられただけでなく、コンセッション方式の導入が決定された。こうして、民間企業が水道事業を経営することが、法的に可能になったのである。ちなみに、日本で初めて下水処理場の経営にコンセッション方式を導入した浜松市の鈴木康友市長は、２０００年から２００５年まで、民主党の衆議院議員だった経歴をもつ。

## 第二次安倍政権の衝撃

民主党政権のもとで法的に可能となったコンセッション方式を、さらに実質的に後押ししたのは、2012年に復活した自公政権だった。第二次安倍政権は2013年、「日本再興戦略」を閣議決定し、このなかでは水道分野でのコンセッション方式の普及が打ち出され、3年間で6件という数値目標まで掲げられた。

これを実施するため、安倍政権は同年、PFI法をさらに改正し、民間資金等活用事業推進機構、通称官民連携インフラファンドの設立を決定した。官民連携インフラファンドは政府と民間の共同出資によって設立されたが、出資額の過半数は政府が支出することになっており、政府は2013年だけで100億円を同機構に拠出しただけでなく、同機構に出資する民間企業への政府保証として3000億円を支出した。

その大きな任務は二つあり、その第一はコンセッション方式を含むPFI事業への出資・融資で、ここには優先株や劣後債の取得などが含まれる。第二に、PFI事業者等に対する専門家の派遣や助言である。こうして、「財政赤字を削減し、公的サービスの質の向上を図るために民間企業の参入を促す」ことを目指し、政府が資金・人材の両面で民間企業をバックアップする体制ができたのである。

安倍政権は2013年から2022年までの10年間で21兆円規模のPFIを実現させるという目標を掲げており、官民連携インフラファンドはその達成のためのものだ。その結果、各地の公共サービスでコンセッション方式が普及し始めており、内閣府によると、2018年6月段階で全国21件の事業でコンセッション方式が導入され、そこには従来PFI事業の多くを占めていた美術館など文教施設だけでなく、上水道と下水道施設がそれぞれ6件含まれる。

安倍政権による改革はこれにとどまらず、2013年に閣議決定された先述の「新水道ビジョン」には、広域化だけでなく「水道民営化」についても踏み込んだ内容が盛り込まれた。PFIの推進が強調されたことはいうまでもないが、注目すべきは料金の見直しについても言及されていることだ。ここでは、現状の固定課金（基本料金）と従量課金（使用量に応じた料金）の二部料金制で徴収されている水道料金の7割が従量課金に偏っていると指摘され、固定課金の引き上げが提案されている他、使用量の多い利用者の負担が大きい「逓《てい》増制」の見直しにも触れられている。

これらはいずれも、工場など大口利用者にとって有利な内容だ。先述のように、都市では大口利用者の負担により、小口の一般利用者からの料金収入の少なさを補う構図がある。

水の安全保障戦略機構の設立以来、企業との協議を重ねてきた安倍政権が打ち出した料金体系見直しの提案は、企業の負担を軽くするとともに、安定的な料金体系を作ることで、民間参入を促しやすくするものだが、これは当然のように小口の一般利用者に影響を与えるものでもある。

そして、2018年改正水道法の成立に向けた最後の一押しになったのが、2018年6月にPFI法がさらに改正されたことだ。このなかでは、水道にも関係する大きく二つの変更が加えられた。

第一に、首相の権限の強化だ。2018年改正PFI法では、公的施設の管理者や民間事業者がPFIに関する支援制度や規制などの問い合わせを一括で受け付ける「ワンストップ窓口」が首相のもとに設けられた。これは寄せられた相談や質問に関して首相が関係省庁に問い合わせ、その回答に基づいて施設管理者や事業者に首相が回答する制度である。

日本の水行政はタテ割りが激しく、上水道は厚生労働省に、下水道は国土交通省に、農業用水は農林水産省に、工業用水は経済産業省に、環境対策などは環境省に、それぞれ管轄権がある。ワンストップ窓口制度はこうしたタテ割りの弊害を乗り越え、PFIを推進させるためのものだが、「官邸主導」が鮮明になった安倍政権のもと、水道に関するPF

Iもトップダウンで進められやすくなったといえる。

第二に、自治体がPFIを導入しやすくするための資金協力だ。2018年改正PFI法では、それ以前に自治体が水道関連の事業について政府の財政投融資特別会計に基づいて地方債を起債していて、その事業にPFIを導入する場合、繰上償還を認め、さらにその際の補償金の支払いが免除される規定が盛り込まれた。これは自治体にとってPFI導入を検討しやすくする措置だが、実施期間は2018年からの3年間に限定されており、これによってさらに自治体の尻を叩く効果がある。

こうして1980年代にさかのぼる公共サービスへの民間参入の潮流は、「小さな政府」を実現させるための巨額の財政出動をともないながら、2018年改正PFI法で大きく完成に近づいた。その半年後の同年12月に成立した改正水道法は、「水道民営化」の一つの到達点といえる。

## 「水道民営化」のもう一つの顔

### 世界の水市場における日本企業

水道事業者や自治体の意向にかかわらず、企業との連携によってコンセッション方式導入に突き進んできた政府は、その理由として「水道の危機」を強調してきた。実際、水道の経営の持続性が疑わしいことは、これまでにも述べた通りだ。ただし、政府が前のめりであることには、もう一つの理由を見出せる。それは世界の水ビジネスに参入したい日本企業をバックアップすることだ。

なぜ、国内の「水道民営化」が日本企業の海外進出を支援することになるのか。それを考えるときにまず必要なのは、これまで日本企業が水ビジネスにどのようにかかわってきたかである。

すでに述べたように、日本でも特に2000年代以降、業務委託、DBO、BOTなどの形態で水道事業に民間企業が参入する事例が増えてきたが、水道事業のすそ野は広く、さまざまな企業にとってのチャンスとなる。

例えば、これまでに触れた主な事業だけに絞って整理すると、

・初のPFIモデル事業となった1999年の東京都金町浄水場常用発電設備……石川島播磨重工、清水建設、電源開発（J-POWER）のグループが落札
・初めてDBO方式が導入された2004年の大阪府の大庭浄水場の残さ処理事業……神戸製鋼グループに属する神鋼環境ソリューションと、後にオゾン水生成器を開発・販売するに至った日本ヘルス工業（現・ウォーターエージェンシー）のグループが落札
・初めてのBOT案件である2008年の横浜市の川井浄水場の再整備事業……メタウォーター、三菱UFJリース、月島機械、東京電力などのグループが落札
・初めてのコンセッション方式に基づく浜松市の下水処理場の経営……JFEエンジニアリング、オリックス、東急建設、須山建設（およびヴェオリア）

以上にあげられた以外にも、水道事業にかかわる民間企業は多く、なかにはすでに国際的に認知されている企業もある。例えば、国連経済社会理事会などの国際機関にも出席する資格をもつカナダの環境NGO、ETCグループが作った「世界の10大水道企業」のリ

ストでは、水処理の装置・薬品の製造・開発を行う栗田工業が9位にランクインしている。

また、三井物産、三菱商事、丸紅といった総合商社はペルシャ湾岸諸国などでの海洋淡水化プラントの建設・運営に実績があり、このうち三井物産は世界銀行の水道インフラストラクチャーPPPデータベースでトップ10の10位にあげられている。この他、東レや東洋紡などの化学メーカーは、下水処理などに用いられるろ過フィルターの素材開発などにも進出している。

これらの企業のなかには、日本の政府開発援助（ODA）のプロジェクト案件を受注し、開発途上国での水道事業で実績をもつものも少なくない。例えば、0・01〜0・001マイクロメートルという細かな目で微粒子や不純物をろ過する限外ろ過膜（UF膜）や、これよりさらに目の細かい逆浸透膜（RO膜）などで世界的に大きなシェアをもつ東レは、日本のODAの一環としてバングラデシュなどに水処理装置などを納入している。

## 経済産業省の狙い

ただし、これらの企業による水道進出の多くは、技術、機械、建築などの分野での参入で、外国で水道の経営そのものを受注した案件は、フィリピンのマニラでアメリカのベク

## 分野別に見た海外市場における日本企業の実績（2013年度）

| | 海外市場規模 | 日本企業実績 | 日本企業占有率 |
|---|---|---|---|
| 合計 | 64兆1735億円 | 2463億円 | 0.4% |
| 上水 | 27兆3993億円 | 367億円 | 0.1% |
| 海水淡水化 | 4614億円 | 213億円 | 4.6% |
| 下水 | 22兆9050億円 | 70億円 | 0.0% |
| 産業用水・排水 | 13兆4078億円 | 794億円 | 0.6% |
| 内訳不可能分 | ―― | 1019億円 | ―― |

出所＝経済産業省「我が国水ビジネスの海外展開」より作成

テルなどの企業連合に参加した三菱商事などの一部例外を除き、ほとんどない。その大きな理由は、これまで日本国内で水道の経営を行う機会がなかったため、経験やノウハウが不足していることである。その結果、実績が足りない日本企業のほとんどは、国際機関や各国政府が提示する上下水道プロジェクトの国際入札参加資格さえもっていない。

つまり、水道事業は武器産業などとともに、いわば日本の国際競争力が低い領域なのである。実際、経済産業省の調査によると、２０１３年段階で世界の水ビジネスに占める日本企業のシェアは、技術力を生かしやすい海水淡水化では４・６％だったが、経営の実績が必要な上水道では０・１％に過ぎず、下水道では限りなくゼロに近かった。最近では設備の導入から経営までがパッケージの案件が多いため、技術力だけでは入札を勝ち抜きにくく、これもシェアの低さにつながっているとみられる。

これを裏返すと、経営を含めて世界の水ビジネスに日本企業が参入することを後押しするなら、日本国内で「水道民営化」を進めて実績を積ませることが必要、となる。この観点から、とりわけ国内の「水道民営化」を日本企業の海外進出の好機と捉えているのが経済産業省だ。

経済産業省が日本企業の水道分野での海外進出を積極的に後押しし始めたのは、国内で水道事業への民間参入が進み始めた時期に重なる。民主党政権が発足した翌２０１０年、経済産業省は「海外水インフラＰＰＰ協議会」を設置し、ここでは「水源確保から上下水道までの水管理をパッケージとして捉え……官民連携による海外展開に向けた取り組みを積極的に推進すること」が打ち出された。先述のように、この翌２０１１年にはＰＦＩ法が改正され、コンセッション方式が法的に可能になった。この動向に経済産業省は歩調を合わせ、国内の「水道民営化」と海外進出をセットで支援し始めたのである。

これと並行して、厚生労働省などと同じく経済産業省にも「水道民営化」ありきの論調が目立つようになった。例えば、やはり２０１０年に経済産業省がまとめた報告書『水ビジネスの国際展開に向けた課題と具体的方策』では、「水メジャーを創出したフランス国内制度」と題する項目のなかで、フランスでは民間委託が包括的であることや、委託内容が定型化されていないことがあげられ、「受託する企業の創意工夫が働く契約環境となっている」とまとめられている。

注目すべきは、ここで経済産業省が、フランスでは民間企業の自由度の高い操業が可能であることの裏返しとして、水道事業者を実効的に監督する機関がなく、その結果プリンシパル・エージェント問題が起こりやすいことに全く触れていないことだ。つまり、経済産業省の報告書からは、企業を支援する省庁として、とにかく日本企業を水ビジネスに参入させようとする意欲はうかがえるものの、上下水道が自らの管轄外であることも手伝って、コンセッション方式に基づく民間事業者の活動を監督する制度の構築にほとんど関心を払っていないことも見て取れる。

このアンバランスな傾向は、原子力発電所や高速鉄道などのインフラ輸出を重視する第二次安倍政権のもとで、さらに加速した。水道法改正が視野に入っていた2018年7月、経済産業省は水に関する『海外展開戦略』を発表したが、このなかでは（水道法やPFI法の改正によって）「国内上下水事業での民間が参加するコンセッション契約の進展が期待される。これらを通じて蓄積される知見等を海外展開にも生かしていくことが重要」と明記されている。ここでは、日本企業が水道分野で海外に進出するステップとして国内のコンセッション方式をみなす考え方が、より明確に示されたのだ。

この考え方は、いわば「水道の危機」に便乗して「水道民営化」を推し進めようとするものといえる。そのため、この考え方の一つの到達点である2018年改正水道法で、民間事業者を監督する体制が十分ではないことは不思議ではない。

日本の水道が危機に瀕していることは確かだ。また、各国の事例をみても、「水道民営化」の全てに問題があるとはいえない。つまり、「水道民営化」は日本の水道を救う一つの手段になり得る。ただし、そこには、水道事業に参入した民間企業を実効的に監督できる体制が築ければ、という条件がつく。

いくら手術が必要な重病の患者でも、麻酔もなしに手術すれば痛みでショック死することすらある。企業の利益に偏ったコンセッション方式の導入からは、自治体や水道事業者の意向や事情への斟酌だけでなく、利用者に及ぶ悪影響を最小限に抑えようとする配慮をも見出せないのである。

# 第4章

# 日本の水市場を狙う海外水メジャー

## 拡大する水ビジネス

### 水ビジネスを活性化させる四つの変化

コンセッション方式の導入により、これまで「水鎖国」に近かった日本の市場は、海外企業にも開放された。しかし、水メジャーと呼ばれる欧米の巨大な水企業は、世界各地で少なからず悪評を買ってきた。日本が水メジャーの標的になっている以上、水道の将来を考えるには、世界の水市場の動向や構造を知ることが欠かせない。そのために、以下ではまず、世界の水ビジネスについてみていこう。

さまざまな批判を招きながらも、世界の水ビジネスはこれまでになく活発化している。オランダの資産運用会社RobecoSAMによると、2014年に約6000億ドル（約60兆円）だった世界の水ビジネスの市場規模は、2018年に7000億ドル（約70兆円）に達した。この驚異的なまでの規模とペースからすれば、日本の2018年改正水道法は、周回遅れでも逆行でもない。ただし、世界で活発化する水ビジネスの多くは、先進国よりむしろ開発途上国でのものである。

## 海外地域別の水道事業民営化率の変化

出所＝日本総研「最近の水ビジネス市場と主要プレーヤーの動向」より作成

**民営化の現状（給水人口ベース2007年）**

| 地域 | 民営化給水人口（百万人） | 民営化率 |
|---|---|---|
| 西ヨーロッパ | 181 | 45% |
| 中央&東ヨーロッパ | 34 | 10% |
| 南&中央アジア | 10 | 1% |
| 東南アジア | 315 | 15% |
| オセアニア | 8 | 25% |
| 北アメリカ | 100 | 22% |
| ラテンアメリカ | 85 | 18% |
| 中東&アフリカ | 68 | 5% |
| 全世界 | 802 | 12% |

→

**民営化の現状（給水人口ベース2012年）**

| 地域 | 民営化給水人口（百万人） | 民営化率 |
|---|---|---|
| 西ヨーロッパ | 188.6 | 47% |
| 中央&東ヨーロッパ | 39.9 | 12% |
| 南&中央アジア | 20 | 1% |
| 東南アジア | 411.3 | 20% |
| オセアニア | 12.5 | 36% |
| 北アメリカ | 106.7 | 23% |
| ラテンアメリカ | 102.1 | 21% |
| 中東&アフリカ | 86.9 | 7% |
| 全世界 | 968.0 | 14% |

日本総研の調査によると、東南アジアでの民間企業に経営される水道の給水人口は、２００７年には３億１５００万人だったが、２０１２年までに４億１１３０万人に増加した。この間、西ヨーロッパでの民間企業による給水人口が１億８１００万人から１億８８６０万人と微増だったことを考えると、たとえ民営化率は低くとも、東南アジアの方が水市場としての将来性は大きい。東南アジアだけでなく、ラテンアメリカや中東でも、水ビジネスの活発化はうかがえる。

なぜ、水ビジネスは活発化するのか。そこには、大きく四つの理由があげられる。

第一に、人口増加と都市化だ。日本では人口減少が進んでいるが、地球人口は増加の一途をたどり、国連は２０３０年には86億人を超えると推計している。とりわけ開発途上国での人口増加が目立つが、これと並行して都市化も進んでいる。人口密集地が増えると、19世紀の欧米諸国と同じように、コレラなどの感染症対策として、水道の普及が課題になる。

第二に、開発途上国で経済成長が進むなか、富裕層や中間層を中心に、ライフスタイルに変化が生まれていることだ。人間が消費する水のうち、最も多いのは農業用水で全体の約70％を占め、これに工業用水（約20％）、生活用水（約10％）と続く。生産活動が活発化することで、農業、工業での消費量も増えているが、それを上回るほどの勢いでシャワーやトイレなどの生活用水の使用量が増えているのである。

第三に、貧困対策として安全な水の確保が国際的な目標になっていることだ。２０１５年に国連で採択された世界全体の開発のための「持続可能な開発目標」（ＳＤＧｓ）では、「全ての人々に水と衛生へのアクセスと持続可能な管理を確保する」ことが盛り込まれている。２０１５年段階で、地球人口の29％が安全に管理された飲料水にアクセスできず、61％が安全な下水システムにアクセスできていないとみられており、ＳＤＧｓでその改善が盛り込まれたことは、いわば開発途上国での水道の普及にお墨付きが与えられたことをも意味する。

そして第四に、地球温暖化である。地球全体で気候が変動するなか、日本では大型台風やゲリラ豪雨といった「過剰な水」が問題になりやすいが、これとは逆に干ばつなど異常な水不足に見舞われる国が少なくない。水が十分手に入らない状態を「水ストレス」と呼ぶが、アメリカのシンクタンク世界資源研究所のシミュレーションによると、2040年には水ストレスが「非常に高い」国は世界全体で33カ国、「高い」国は26カ国にのぼると推計される。「非常に高い国」にはサウジアラビアなど砂漠の国が目立つが、「高い国」のなかにはアメリカ、オーストラリア、中国、インドなども含まれる。こうした国では、それまで以上に安定的に水を供給する必要があるため、水道の需要が増えているのだ。

## 水ビジネスの問題を覆う煙幕

水市場が活発化するなか、参入に意欲をもつ民間企業は世界全体で水ビジネスの機運を高めることに余念がないが、それは水ビジネスの問題に煙幕を張る効果がある。

世界の自由貿易のルールや制度を生み出す場としては従来、世界貿易機関（WTO）があった。第1章で触れたように、水ビジネスもここで「正当なビジネス」としての認知を得たことで、1990年代から世界中に波及する後ろ盾を得た。ところが、WTOでは先進国と開発途上国の間の利害対立が絶えず、西側先進国と中国、ロシアなどの政治的な対立が激化したこともあって、2010年代半ばには空中分解寸前に至った。

その結果、これまで以上に先進国主導の経済秩序を維持するうえで重視されているのが、世界経済フォーラム、通称ダボス会議だ。ここは水ビジネスに関しても世界的なトレンドの発信源となっている。

1971年に発足した世界経済フォーラムは、公式にはスイスの非営利法人で、「世界の現状の改善のために取り組む」という標語のもと、世界的な問題を政府と民間の垣根を越えて解決することを理念とする。そのために毎年開催される会議には、世界の政財界のリーダーや学術、文化の各方面の著名人が集い、ここで示されるメッセージや方針は、世界に大きな影響力をもつに至っている。例えば、海洋に廃棄されるプラスチックごみを削減するために、2018年の主要国首脳会議（G7サミット）で英・仏・独・伊・加の5カ国が共同で提出した「海洋プラスチック憲章」の内容は、2017年に世界経済フォーラムの支援のもとで発表された、イギリスのエレン・マッカーサー財団の報告書「ニュー・プラスチック・エコノミー」がもとになっている。

このように大きな影響力をもつ世界経済フォーラムは、政治的に中立で特定の党派に偏らないことを原則とするが、実際には西側先進国の政府と巨大企業の利益を集約する場でもある。実際、その運営資金は世界の１０００社以上の会員企業からの会費で賄われており、そのほとんどが50億ドル以上の売上高をもつグローバル企業である。

そのため、世界経済フォーラムは地球規模での問題を取り上げながらも、その解決にビジネスの手法を重視する方針が鮮明だ。先述のプラスチックごみ問題でいえば、エレン・マッカーサー財団を支援する企業にはペプシやネスレなどの世界的な飲料・食品メーカーも含まれており、これらはプラスチック廃止キャンペーンと並行して、共同で再利用可能な素材開発やボトルのデザインの一元化を進め、この分野での優位を築こうとしている。つまり、社会問題の解決に向けた機運を高めつつ、そのなかで自らが最大の受益者になることが、これらグローバル企業の一般的な行動パターンなのだ。

これは水道事業も例外ではない。世界経済フォーラムで水問題を話し合う「水資源グループ」のメンバーには、飲料・食品大手のペプシやネスレ、マッキンゼーなどのコンサルティング企業、そしてＩＴ大手のシスコなどとともに、ヴェオリアも顔を並べている。後述するように、水道事業には異業種の参入が増えているが、その当事者が集う水市場グループでの議論をもとに、世界経済フォーラムは２０１８年に世界の水問題に対応する大方

## 「水資源グループ」による社会問題への参加状況

| 企業名 | 業種 | 本国 | *1 | *2 | *3 |
|---|---|---|---|---|---|
| アルキャン | 金属・鉱業 | カナダ | x | | |
| バリラ | 食品 | イタリア | x | | |
| カーギル | 食品 | アメリカ | x | | |
| CH2Mヒル | 水 | アメリカ | x | x | x |
| シスコ | IT | アメリカ | x | x | |
| コカ・コーラ | 飲料 | アメリカ | x | x | x |
| ダウ・ケミカル | 化学製品 | アメリカ | x | x | x |
| ハルクロウ | エンジニアリング | イギリス | x | x | x |
| ヒンドゥスタン建設 | 建設 | インド | x | x | x |
| マッキンゼー | コンサルタント | アメリカ | x | x | |
| ネスレ | 飲料・食品 | スイス | x | x | x |
| ニューホランド・アグリカルチャー | 農業機械 | アメリカ | x | | |
| ペプシコ | 飲料 | アメリカ | x | x | x |
| リオ・ティント | 鉱業・資源 | イギリス | x | x | |
| シーメンス | エンジニアリング | ドイツ | x | x | x |
| スタンダード・チャータード | 金融 | イギリス | x | x | |
| シンジェンタ | 種苗・農薬 | スイス | x | x | x |
| ユニリーバ | 食品 | オランダ | x | x | x |
| ヴェオリア | 水・廃棄物・エネルギー | フランス | x | | x |
| IFC（国際金融公社） | 金融・国際開発 | | | x | |
| 世界自然保護基金 | NGO | | x | x | x |

*1　WRG（廃棄物リサイクル・ガバナンス）への参加（2008年～2010年）
*2　WEFパートナー（2012年）
*3　CEOウォーター・マンデートへの参加

*1 Waste Recycling Governanceの略。産業構造審議会の提唱により設けられた廃棄物管理上の概念。
*2 The World Economic Forumの略。パートナーは世界経済フォーラムの支援を行う企業・団体のこと。
*3 CEO（最高経営責任者）レベルの企業間同盟。水の持続可能性や水資源問題に関する、様々な課題に取り組む国際的な枠組みのこと。

針「グローバル・ウォーター・イニシアティブ」を打ち出した。ここでは、世界的な水の需要の逼迫を改善するため、関連する機関などと連携する「民間セクターのチャンピオンたちを特定し、動員する」ことが目指されている。

　世界的に水需要が高まっていることは確かだ。しかし、ここで重要なのは、世界経済フォーラムでは「水道民営化」にともなうこれまでの問題が全く触れられないまま、むしろひたすら民間参入に向かってアクセルが踏まれていることだ。そして、それは「世界のリーダーたちの意見」として認知されやすい。

グローバル・ウォーター・イニシアティブのプロジェクトリーダー、キャリー・スティンソン氏は、人工知能（ＡＩ）や機械類がインターネットを通じてつながるモノのインターネット（ＩｏＴ）といった最新技術を導入することで、「水をめぐる課題に変革的な解決策を提示できる」と強調する。技術革新の成果を投入することは、効率化を進めるうえで重要だろうし、ＩＴ企業などの参入を促すことにもつながるだろう。とはいえ、技術面の進化だけ強調し、情報公開の不足や説明責任の不備について語らないことは、これらのいわばアナログな、しかしより根本的な問題を覆い隠すことにつながる。

このように、ひたすら民間参入を促そうとする潮流は、新自由主義の台頭によって「水道民営化」が推し進められた１９９０年代から大きく変わっていないどころか、むしろ加速しているとさえいえる。

## 日本市場の魅力とは

それでは、活発化する世界の水ビジネスにとって、「水鎖国」が解けた日本は、どのような位置付けになるのだろうか。先述のように、水ビジネスが活発化しているのは、主にアジア、ラテンアメリカ、中東だ。だとすると、いかに経済規模が世界第3位で、しかもこれまで水道が公営だった「未開拓地」だったとしても、人口減少が続く日本に、水メジャーは大きな関心をもっていないのだろうか。

そうとはいえない。むしろ、水メジャーからみた日本には、開発途上国にはない魅力がある。そこには、大きく三つの理由がある。

第一に、日本の成熟した水道システムそのものだ。これを説明するため、まず水市場の構造について簡単に確認しよう。

水ビジネスには上下水道関連の他、農業用水関連（灌漑《かんがい》設備など）、ボトル詰めウォーター、家庭用水道設備などが含まれるが、単純化するため、ここでは上下水道に限定して話を進める。上下水道関連ビジネスには、大きく三つの部分がある。水道管の設置などの管網敷設、下水処理場の整備などのプラント開発、そして水道事業そのものの運営である。

このうち、市場規模が最も大きいのは水道経営だ。日本総研の調査によると、２０１３年段階の世界全体で上下水道関連ビジネスの市場規模は50兆３０００億円だったが、このうち水道経営は30兆９０００億円で、全体の61・４％を占めた（管網敷設は11兆２０００

## 1人あたりのGDPと水処理費用の関係
(2010年〜2012年)

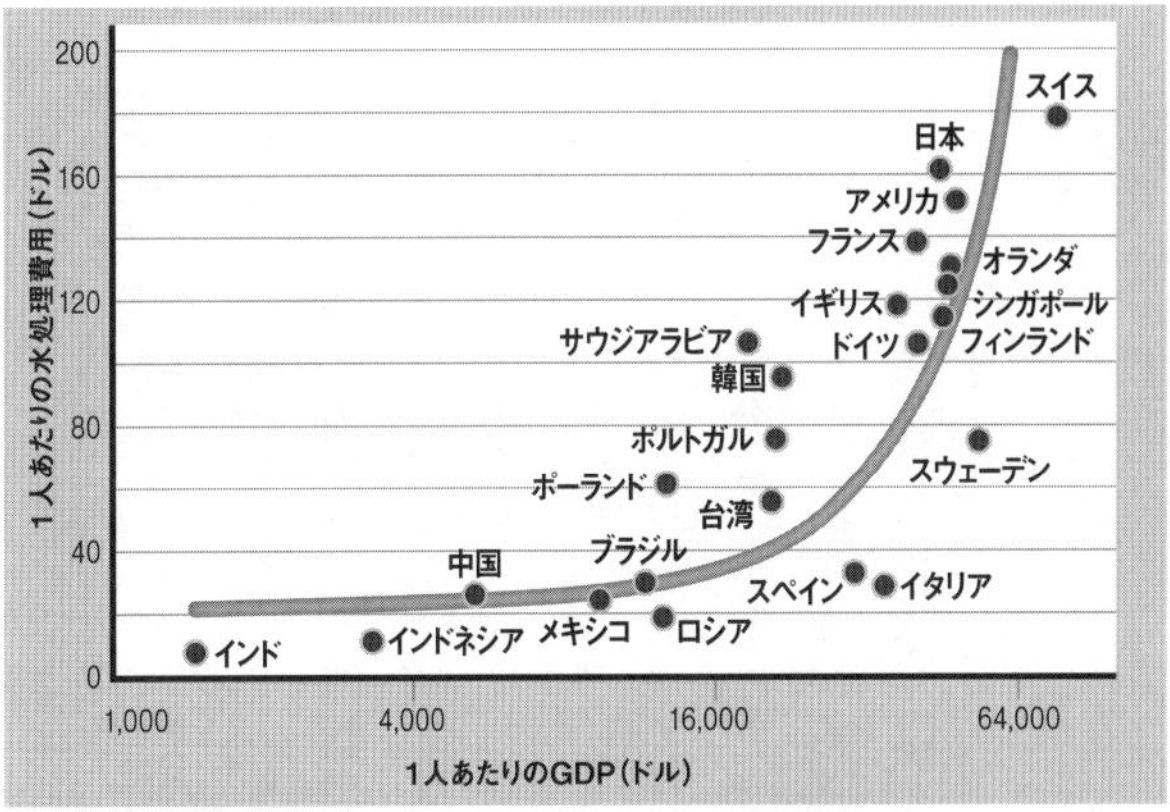


出所＝RobecoSAM Study・Water: the market of the futureより作成

億円、プラント開発は８兆２０００億円)。

つまり、水メジャーにとっては、新たな設備の導入や設備の更新より、経営の方が旨味は大きいといえる。

この点で、日本は開発途上国と異なる。アジア、ラテンアメリカ、中東などでの水ビジネスでは、水道を新たに普及させるＢＯＴやＤＢＯも多くなるが、日本では水道システムがほぼ完成している。つまり、コンセッション方式に基づいて日本の水市場に参入する民間事業者は、管路敷設やプラント建設よりむしろ、利益を得やすい水道経営がビジネスの中心になるとみられる。

その意味で、水メジャーからみて日本には、開発途上国とは異なる意味で優良案件が多いといえる。

第二に、水を多く消費する日本の生活習慣も、水メジャーを惹きつける条件になる。日本人ほど風呂好きの国民も少ない。また、多くの日本人が当たり前に思っている温水洗浄便座も世界レベルでは珍しいもので、その普及はトイレでの水利用も増やす一因になっている。その結果、一人当たりの水消費額で日本は世界屈指の水準にある。

第3章でみたように、日本の水道料金は他の先進国と比べて安い。だからこそ水の消費量が増えやすいともいえるが、それと同時に、単価が安いにもかかわらず日本の水処理にかかる金額は世界的に見ても大きく、ここから、いかに日本人が多くの水を利用しているかがわかる。これもやはり、海外水メジャーの目には、一人当たりの消費額はまだ小さいが人口規模が大きい開発途上国とは異なる意味で利益を期待させるものだろう。

そして第三に、日本の土地制度があげられる。多くの国では外国人や外国企業の土地保有に一定の歯止めがあるが、日本では原則的に規制がなく、これは水道事業にとっても無関係ではない。

水道事業のコンセッション方式では、受注した民間事業者が新たな投資を行うことも認められている（新規投資分の動産・不動産の所有権は契約失効段階で自治体に返納する）。ところで、近年では広域化の一環として、水源から水道に水を供給する水道用水供給事業と水道事業の連携も強化されている。例えば、東京都水道局は多摩川上流域に2万3000ヘクタールの森林を保有しているが、水源地を保全するため、奥多摩町から県境を越えて山梨県甲州市に至るエリアで民有林の売却申し込みを随時受け付けている。土地買収に規制がない日本では、より高い値段で海外の水企業が水源地を購入することも、法的には可能だ。

その場合、水源地の所有権は契約終了後に返納されるが、事業者はその間、投資額に応じて、あるいは30年前後という長期にわたって事業を独占できるだけに、投資額に見合う以上に料金を引き上げることもしやすい。いわば事業拡張をしやすい土地制度であることも、海外水メジャーにとっての日本の魅力といえる（本書脱稿直前の2019年2月、安倍総理は海外企業による土地取得の制限について検討することを表明したが、その検討は始まったばかりで、制限の内容も見通しが立っていない）。

## 戦国時代の水市場

これに加えて、水メジャーが「未開拓地」日本への関心をさらに強める動機づけとして、

## 上下水道供給人口が1千万人を超える水道オペレーター(2012年)

| | 企業 | 本社所在地 | 供給人口(百万人) | 自国内供給比率(%) |
|---|---|---|---|---|
| 1 | Veolia Environnement | フランス | 18 | 131.3 |
| 2 | Suez Environnement | フランス | 10 | 117.4 |
| 3 | Beijing Enterprises Water Group | 中国 | 100 | 28.5 |
| 4 | FCC | スペイン | 46 | 28.3 |
| 5 | Sabesp | ブラジル | 100 | 27.1 |
| 6 | RWE | ドイツ | 72 | 18.3 |
| 7 | ACEA | イタリア | 54 | 18.0 |
| 8 | Shanghai Industrial Holdings | 中国 | 100 | 17.5 |
| 9 | NWS Holdings | 中国（香港） | 100 | 16.1 |
| 10 | American Water Works | 米国 | 98 | 16.0 |
| 11 | Sound Global | シンガポール | 0 | 15.6 |
| 12 | Chongqing Water Group | 中国 | 100 | 15.0 |
| 13 | Thames Water (Macquarie) | イギリス | 100 | 13.8 |
| 14 | COPASA | ブラジル | 100 | 13.6 |
| 15 | Severn Trent | イギリス | 62 | 13.3 |
| 16 | Beijing Capital | 中国 | 100 | 12.6 |
| 17 | Saur | フランス | 41 | 12.4 |
| 18 | Tianjin Capital Environmental Protection | 中国 | 100 | 12.4 |
| 19 | Manila Water | フィリピン | 64 | 11.4 |
| 20 | Fingestión SAS (Bouygues) | フランス | 0 | 10.8 |
| 21 | China Water Affairs Group | 中国（香港） | 100 | 10.8 |
| 合計 | | | 560.0 | |
| 民間の水道会社による供給人口の世界合計 | | | 962.4 | |

出所＝三井物産戦略研究所「戦略研レポート 水道サービス産業の世界動向」より作成

水メジャー自身の事情がある。水メジャーは少しでも市場を拡大したい、せっぱ詰まった状態にあるのだ。

なぜ、水メジャーはせっぱ詰まっているのか。その最大の理由は、世界市場における水メジャーのシェアが縮小していることにある。三井物産戦略研究所の調査によると、世界の水市場のうち上下水道事業に限ってみたとき、ヴェオリアとスエズの二大メジャーのシェアは２０００年代初頭には約40％あったが、２０１０年代初頭までに25％程度にまで下落した。

水メジャーのシェア縮小と入れ替わりのように勢力を拡大しているのが、新興水メジャーとも呼べる開発途上国の巨大企業だ。

その多くは基本的に本国での水道事業を中心に行っているが、特に中国やブラジルなど市場規模の大きい新興国でローカルな巨大企業が給水人口を増やすことは、伝統的な水メジャーにとって大きな脅威となっている。そのうえ、新興水メジャーのなかには海外市場に参入する企業も増えており、これも伝統的な水メジャーのシェア縮小に結びついている。新興水メジャーについては、次節で詳しく取り上げる。

ただし、伝統的な水メジャーがかつての大きな存在感を衰えさせたのは、新興水メジャーという強力なライバルの出現だけが理由ではない。2008年のリーマンショックとその後のヨーロッパ債務危機で、水メジャーの収益性が大きく損なわれたことは、これに拍車をかけた。

日本総研の調査によると、企業の自己資本に対する当期純利益の割合、つまり元手に照らして1年間でどれだけ稼いだかを表す自己資本利益率（ROE）でみて、ヴェオリアは2007年に27・85％だったが、2008年に12・89％にまで急落し、その後2011年にはマイナス6・55％にまで落ち込んだ。ヴェオリアほどでないにせよ、スエズも2007年に13・68％だったROEを、2011年には6・64％にまで下落させた。その結果、ヴェオリアとスエズの売上高の合計は、2008年には2・5兆円だったが、2012年には2・1兆円と大幅な減収となった。

リーマンショック以前、世界的なカネ余りのもと、ヴェオリアやスエズだけでなく欧米の伝統的な水メジャーの多くは、社会的信用を武器に借り入れを増やし、投資を拡大させていた。しかし、リーマンショック後の収益性の悪化は、水メジャーの多くを財務体質の改善に向かわせた。その結果、「選択と集中」に基づいて事業が整理され、利益の薄い案件からの撤退が相次いだことは、新興水メジャーがシェアを拡大する一因になった。

水市場がいわば戦国時代に突入するなか、伝統的な水メジャーはこれまで以上に優良市場を求めている。言い換えると、長期的な投資で利益を回収する息の長いプロジェクトより、短期間で利益を回収できる案件を優先しやすくなっている水メジャーにとって、成熟した水道システムがあり、その経営が民間事業者の中心的な業務になるとみられる日本市場は、有望な進出先の一つになっているのである。

## 水メジャーの素顔と変貌

### ヴェオリア――「水の巨人」

「水鎖国」が解けた日本は、世界の水ビジネスの台風の目になりつつある。その主役である水メジャーには、どのようなものがあるのか。以下では主な水企業について取り上げる。

まず、名実ともに最大の水メジャーであり、日本上陸を果たしたフランスのヴェオリアからみていこう。ヴェオリアの正式名称はヴェオリア・ウォーターで、同社は環境や物流など異業種の企業からなる複合企業ヴェオリア・エンバイロメントの傘下にある。かつてほどでないにせよ、水道経営では世界最大のシェアをもち、日本総研の調査によると、世界80カ国以上で1億3000万人以上に給水している。

その歴史は古く、起源は1853年にさかのぼる。当時のフランスでは、都市化が進むなかで衛生環境の整備が急務になっていたため、皇帝ナポレオン3世の勅命により、水道の整備・運営にあたる会社として、ヴェオリアの前身ジェネラル・デゾーが設立された。翌1854年にはリヨンで、初めてコンセッション方式に基づき上水道の経営を受注し、その後の足がかりを摑んだ。

この設立の経緯からも明らかなように、ヴェオリアはフランスの歴代政府と結びつきが強い。そのため、19世紀後半からは帝国主義の時代背景のもと、フランスの世界戦略と連動して海外進出も加速させ、1880年にイタリアのヴェニスで初めて国外のコンセッション事業を受注し、続いて1882年にはトルコのコンスタンティノープル（現イスタンブール）に進出するなど、ヨーロッパからアジアにかけて事業を広げた。現在でも、ヴェオリアの株主には公的機関が混じっており、例えばフランスの公的金融機関である預金供託公庫だけで約8・6％の株式を保有している。つまり、ヴェオリアは民間企業でありながらも国策企業としての顔をもつのだ。

そのヴェオリアは、先述のように戦略の見直しを進めている。1990年代、「水道民営化」の波に乗って各地に進出したヴェオリアは、異業種企業を相次いで傘下に収め、アメリカでは映画会社やテーマパークまで買収したが、肥大化した事業を清算するため、2000年代前半からは資産を売却し、本業に回帰し始めた。そこに発生したリーマンショックで、ヴェオリアは水道事業でも優良案件への絞り込みを強めている。

第2章で取り上げたように、ヴェオリアは2010年にパリでのコンセッション契約を更新できず、2013年にはベルリンでの契約を破棄した。これらはいずれも、利用者からの批判を受けた自治体が「水道民営化」そのものを見直すなかで実現したが、一方でヴェオリアにしても、抵抗が強いこれらの大都市からの撤退は、より運営コストが安く済む案件に集約するなかでの決定だったといえる。

## 「水の巨人」の焦り

それでは、ヴェオリアはどこへ向かおうとしているのか。もともとヴェオリアの給水対象のうち、フランス本国のものは18%程度にとどまり、約70%をヨーロッパ諸国でのものが占める。この背景のもと、ヴェオリアは近年、歴史的に関係の深い西ヨーロッパだけでなく、ルーマニア、ブルガリア、ウクライナ、アルメニアなど、旧ソ連圏を含む中央・東ヨーロッパへの進出を加速させている。これらの多くがEUメンバー、あるいはそれに準じる地位にあることは、ヴェオリアの投資にとっても有利な条件といえる。

ただし、ヨーロッパ市場の伸びしろは必ずしも大きくないため、ヴェオリアは人口増加と経済成長の続くアジアにも力をいれている。このうち、日本と中国についてはすでに触れたので、ここではインドの事例を取り上げよう。

インドは中国に次ぐ人口（約13・6億人）を抱え、経済成長が目覚ましいだけでなく、都市化のペースも早い。その一方で、貧困層が多く、水道の普及は遅れがちだ。さらに、中国やブラジルと異なり、長く水道の公営が続いてきたため、巨大な新興水メジャーは育っていない。そのため、インドは水メジャーの関心を集めており、ヴェオリアもその例外ではない。

しかし、いかに技術が進歩しても、その手法は従来から大きく変わっておらず、インドでもすでにヴェオリア批判は珍しくなくなっている。これに関して、ヴェオリアがインドで受注した最大規模の事業の一つ、中央部マハーラーシュトラ州ナーグプル市でのプロジェクトを取り上げる。

いくつかのＢＯＴ案件を受注した後、ヴェオリアは２０１２年にナーグプル市で管路敷設、経営、メンテナンスまでを一括で請け負う25年契約の受注に成功した。ヴェオリアは貧困層が多い地域にも全て水道を普及させるという野心的な目標を掲げ、契約成立の数カ月後にはナーグプル市の水道施設にフィガロ紙などフランスの主要メディアを招き、「社会的ビジネス」の意義を大々的に宣伝した。

しかし、その結果は成功とはほど遠いものだった。水道料金が引き上げられた一方、ナーグプル全域に水道を敷設する当初の計画は遅々として進まなかった。ナーグプル市はこの事業に共同で出資していたが、ヴェオリアの見積もりは徐々に増え、それにつれて市当局の支出は、契約段階の38億ルピーから、２０１２年の末までに56億ルピーにまで増えた。それにもかかわらず、水道管は９カ月で27キロしか延伸されず、新しく水道が利用できるようになった世帯が８７６に過ぎなかったとして、翌２０１３年には「仕事がされていない」ことを理由に市当局がヴェオリアに支払い拒否すら通告する事態となった。これに関して、ヴェオリアは「優秀な人材や機材の不足」と釈明したが、そうであるなら計画がずさんだったことになる。

先述のように、新興水メジャーにシェアを奪われ、さらに財務体質の改善を急ぐヴェオリアにとっては、短期間に利益を回収できる案件こそ優良案件であり、そのなかで透明性の低い従来の経営がむしろ増幅しているといえる。鳴り物入りで導入されたナーグプル市の案件の顚末は、これを象徴する。そこには「水の巨人」ヴェオリアの焦りがうかがえるのである。

## スエズ――ナンバーツーの戦略

世界の水市場でヴェオリアに次ぐ規模を誇るスエズも、フランスに拠点をもつ。正式名スエズ・エンバイロメントの起源は1880年に発足した水道企業ソシエテ・リヨン・ド・オーにさかのぼり、ヴェオリアより30年ほど新しい。

フランスではコンセッション方式が普及した1980年代に50社以上が水道事業に参入していたが、経営統合や吸収合併が繰り返された結果、現在ではヴェオリア、スエズ、SAURの3社で上水道事業の60％以上を握っている。その一角を占めるスエズは2008年にフランスガス公社と合併し、水道事業や廃棄物処理だけでなくエネルギー分野もカバーする巨大企業となった。

ガス公社との合併からも見て取れるように、ヴェオリアと同じく、スエズもフランス政府との結びつきが強い。欧米諸国では、巨大企業と官庁の間の人的移動（俗に「回転ドア」と呼ばれる）が業種を問わず珍しくないが、スエズ経営陣もフランス政府やIMF、世界銀行といった国際機関の要職との間の往来が活発だ。この背景のもと、ヨーロッパ諸国のサービス系企業の連合体であるヨーロッパ・サービス・フォーラムのメンバーとして、WTOでの水ビジネスに関するルール作りをヴェオリアとともに主導するなど、グローバルな水市場におけるスエズの存在感は大きい。

ただし、リーマンショック後、それ以前の多角化方針が裏目に出たヴェオリアほどではないにせよ、スエズも利益率の低下に直面しており、戦略の見直しを迫られている。

三井物産戦略研究所によると、フランス国内と同様にグローバル市場でもスエズはナンバーツーで、2012年段階でその給水人口は全世界で1億1740万人以上とみられ、このうちフランスの割合は10％程度に過ぎない。しかし、売上高でのフランスの割合は30％を上回る。つまり、スエズにとってはフランス市場の利益率が高く、海外市場の利益率は低い。

これを補強するかのように、スエズは海外市場の新規開拓に余念がない。従来、スエズにとって重要な市場だったのは、売上高の20％程度を占める近隣のヨーロッパ諸国や、子会社ユナイテッド・ウォーターが550万人以上の給水人口を抱えるアメリカ、そして給水人口で最大（2000万人）の中国だったが、近年では特にラテンアメリカが重視されている。

もちろん、これまでラテンアメリカにスエズが無関心だったわけではない。第2章で触れたように、1980年代以降のラテンアメリカでは「水道民営化」が進んでおり、スエズもその波に乗り、1993年には当時世界最大規模のコンセッション案件といわれたアルゼンチンの首都ブエノスアイレスでの上下水道事業を受注するなど、地歩を固めてきた。

しかし、最近ではヴェオリアとの住み分けを図るかのように、これまで以上にラテンアメリカ進出を加速しており、2010年にスペインの水道企業アグバーを買収したことは、その嚆矢となった。アグバーはスペイン最大の水道企業であると同時に、チリ、メキシコ、コロンビア、キューバ、ペルー、チリなど、旧スペイン植民地が多いラテンアメリカ各国でも事業を展開していた。これを買収したことで、スエズはラテンアメリカ市場で一気に存在感を高めたのである。

## アルゼンチンとの「手打ち」

アグバー買収を足がかりとしたスエズのラテンアメリカ進出の対象は、地域の大国だけでなく、規模の小さな国も含まれる。スエズは2018年だけでエクアドル、コロンビア、メキシコ、ブラジル、コスタリカで19案件を成約させたが、このうちエクアドルの案件は首都サント・ドミンゴの水道当局への技術支援などで、10年契約で2300万ユーロ（約29億円）と必ずしも大規模プロジェクトではない。しかし、これはスエズが初めて同国で請け負った事業であり、小さな国も取りこぼしなく進出しようとする意思を感じさせる。

もちろん、その一方で、スエズは地域の大国に進出する機会もうかがっており、そのなかには一度はトラブルによって撤退し、水道事業が「再公営化」された国も含まれる。アルゼンチンは、その典型だ。

先述のように、ブエノスアイレスでスエズは1993年から上下水道を経営していたが、この30年契約は2002年に破棄された。そのきっかけは、2001年からのアルゼンチン危機にあった。

当時、アルゼンチンでは貿易赤字や財政赤字の増加にともない国債が下落し、海外からの投資も逃避したことで、政府が対外債務の不払い（デフォルト）を宣言するなど、経済が壊滅的な状況にあった。インフレ率が30％に及ぶなか、スエズはコンセッション契約で物価上昇に応じて認められていた料金引き上げを要請したが、アルゼンチン政府はこれを拒絶した。アルゼンチン政府は危機にあっても「水にアクセスする権利」を強調したのだが、スエズはこれにより巨額の損失を被り、両者の対立から契約が破棄されたのである。

その後、スエズは投資問題を裁決する世界銀行の投資紛争解決国際センターにアルゼンチン政府を提訴した。ここでアルゼンチン政府の「契約不履行」が問われたわけだが、この場ではアルゼンチン危機以前の1999年にスエズが水道料金の27％引き下げを約束しておきながら実際には20％引き上げたことなどは取り上げられず、双方の不信感から審理は長期化した。

ところが、経済専門ニュース、ブルームバーグは2018年1月、スエズが支払いを求めていた3億6700万ドルの補償から25％値引きした2億7500万ドルをアルゼンチン政府が支払うことで両者が合意したと報じた。これに関して双方からのコメントはなかったが、大幅な値引きにスエズが同意したことは、同社がラテンアメリカ各国に進出を加速させている状況に照らせば不思議ではない。トラブルを抱えていたアルゼンチンと手打ちしたことは、ラテンアメリカ一帯にこれまで以上に進出を目指すスエズの方針を象徴するのである。

## 中国水メジャーの動静

フランスの大手2社に代表される欧米の水メジャーは、かつて水市場を席巻していたが、その多くが現在では生き残りに必死ともいえる。これと入れ違いに台頭している新興国の水メジャーには、どのようなものがあるか。ここではアジア諸国に絞ってみていくが、まずヴェオリアとスエズを給水人口の面で追い上げる北控水務集団（Beijing Enterprises Water Group Ltd.）を取り上げる。

第2章で述べたように、中国では「公的機関の企業化」が目立ち、政府や自治体のテコ入れで中国版水メジャーの育成が進められてきた。その結果、三井物産戦略研究所によると、中国における上下水道の給水人口は、1999年には海外企業（中国企業との合弁企業を含む）によるものが2500万人、中国企業によるものが800万人だったが、2012年までには海外企業によるものが8500万人、中国企業によるものが1億7400万人にまで増えた。そのなかでも北京に拠点をもつ北控水務は2800万人以上に給水しており、飛び抜けて大きな規模をもつ国営企業である。

北控水務は、1997年に発足したエネルギー、ビール製造、建設などの複合企業、北京控股有限公司の傘下にある。香港証券取引所に上場しており、業務のほとんどは中国国内での上下水道の経営である。

しかし、近年では徐々に海外市場への進出も確認されている。例えば、2017年2月に北控水務はマレーシアに進出し、ジョホールで上下水道の敷設を含む20億元の投資を成約させた。また、2018年4月には、オーストラリア西部ムンダリングで下水処理場の経営権の25%を35年契約で買収している。

ただし、北控水務に限らず、中国勢の海外進出は必ずしも活発ではない。そこには、中国国内でまだ膨大な需要が見込まれることだけでなく、政治的な理由もあるとみられる。

ユーラシア大陸を網羅する経済圏「一帯一路」構想を掲げる中国は、その沿線上で鉄道、港湾、道路、発電所などのインフラ整備を進めているが、これに対して批判や懸念も少なくない。さらに、中国企業による農地買収なども各国で批判を招いており、北控水務が経営権の一部を買収したムンダリング下水処理場の案件も、この設備が近隣の肥沃な農園地帯と水道管でつながっていることからオーストラリア国内で懸念を呼んだ。

この状況のもと、とりわけ政治的な摩擦につながりやすい水道事業で海外進出を目指すことは、中国にとって大きなリスクをともなう。そのため、中国水メジャーの海外進出は、当面目立たないレベルにとどまるとみられる。しかし、これを裏返せば、中国国内での過当競争や中国の経済情勢の悪化などによってこの自制が取り払われたとき、中国水メジャーは伝統的な水メジャーにとって、中国市場だけでなくグローバル市場においても、強力なライバルとして本格的に台頭するといえるだろう。

## シンガポール――水ビジネスの新拠点

潜在力を持ちながらも海外進出に熱心とはいえない中国勢と対照的に、アジア系企業のなかで海外での事業に積極的な代表例として、シンガポール企業があげられる。シンガポールは都市国家で、国土面積や人口などに制約が大きい。そのため、海外企業を誘致し、金融や情報など利益率の高い産業を国家主導で育成し、海外市場に進出することで成長してきたが、水道事業に関しても同じことがいえる。

シンガポールの水企業のうち、給水人口が最も多いのがサウンド・グローバルだ。同社は1993年に設立され、後に香港証券取引所で上場したが、シンガポール国内ではなく、中国、サウジアラビア、バングラデシュなど、主に海外市場で水道設備の建設・経営などを行ってきた。

ただし、サウンド・グローバルは2016年4月、香港証券取引所により取り引きを停止された。詳細は不明だが、収益の過少申告といった不正会計を理由に、当局から取り引き停止が命じられたといわれる。同社の大株主は中国の大富豪、文一波氏だが、中国では習近平国家主席のもと、権力の一元化と連動して汚職対策が強化されており、中国市場で業績を伸ばしてきたサウンド・グローバルの行方は不確実性を増している。

それと入れ違いのように台頭してきたのがハイフラックスで、こちらはシンガポール政府によって育成された水企業の一つだ。

もともと都市国家のシンガポールは水資源に乏しく、隣国マレーシアからの輸入に頼っていた。しかし、2000年にマレーシア政府が従来より100倍近い価格を請求したことをきっかけに、シンガポール政府は国家プロジェクトとして海洋淡水化、下水の再処理利用、雨水回収などからなる「ニュー・ウォーター計画」を立案し、海外の水企業を誘致するとともに自国企業の育成に努めた。これをきっかけに、シンガポールは一躍、世界の水市場の一つの拠点になったのだ。

ハイフラックスは1989年に下水処理企業として発足し、1994年には中国への進出を開始したが、大きく成長した転機はニュー・ウォーター計画にあった。2001年にハイフラックスは政府から初めてプラント建設を受注し、この年にはシンガポール証券取引所に上場を果たした。その後、中国だけでなくアルジェリアやインドでも脱塩処理施設や海水淡水化プラントの建設・運営を受注するなど、海外展開を活発化させたのである。

そのなかで、ハイフラックスは丸紅や伊藤忠商事など日本の総合商社と協力することも多く、とりわけ三井物産とは2010年に合弁企業ギャラクシー・ニュー・スプリングを設立している。また、国際協力銀行も融資を行って資金面で支援するなど、日本は官民あげてハイフラックスへの接近を図っていた。

しかし、ハイフラックスは2018年10月、5億3000万S《シンガポール》ドルの資金協力と引き換えに、食品、建設、不動産などを手掛けるインドネシア最大級の複合企業サリム・グループの傘下に収まることを発表した。技術力に定評のあるハイフラックスとサリム・グループの資本力が結びついたことは、東南アジア発の多国籍水メジャーの台頭を予感させるとともに、伝統的な水メジャーに握られていた世界の水市場の変貌を象徴する。

## 水ビジネスの陰

### 公的資金の負担が減らないカラクリ

このように水市場が戦国時代を迎えるなか、水ビジネスは過熱の一途をたどっている。しかし、「社会問題をビジネスの手法で解決する」という美しいレトリックとは裏腹に、水ビジネスにはこれまで取り上げた水質悪化や料金高騰の他にも暗部がつきまとう。

イギリス、ニューキャッスル大学のホセ・エステバン・カストロ教授らのグループは、世界水フォーラムで「水道民営化」に反対するために著した2016年の報告書で、技術革新や新興国の台頭で加速する水ビジネスの、古くて新しい三つの問題を取り上げている。以下ではこれに沿って、「水道民営化」推進派の拠点ともなっている世界経済フォーラムなどでは決して語られることのない、水ビジネスの陰の面についてみていこう。

第一に、公的資金の増加の問題である。つまり、「民間参入で政府や自治体の財政負担は減る」という推進派の主張とは裏腹に、民間委託された水道事業にはさまざまな形態で公的資金が投入されやすく、「水道民営化」で水企業は利益をあげても、公的機関や納税者にとっては必ずしもコスト削減にならないというのだ。

例えば、フランスの事例をみてみよう。第2章で触れたように、ヴェオリアとスエズの二大メジャーを輩出し、コンセッション方式が普及しているフランスでは、上水道の約30%(人口の75%)、下水道の約24%(人口の50%)を民間企業が経営している。ところが、カストロ教授らが2006年に行った調査によると、フランスの水道事業における投資額のうち、民間企業によるものは12%にとどまった一方、自治体による補助金などの支出は、一般会計と特別会計を合わせて全体の50%を上回った。

なぜ、民間資金を活用しやすいはずのコンセッション方式が中心のフランスで、公的資金の負担割合が高いのか。カストロ教授らは、三つの理由をあげている。

・民間事業者が民間企業からの投資や融資を増やせば、配当や利払いが大きくなり、その分だけ水道料金が高くなるが、公的機関が税金を投入すれば、そういったコストは発生しない

・民間事業者がまともに市場価格に応じて水道料金を設定すれば、世帯当たりの負担が大きくなりすぎるため、補助金などで水道料金を引き下げさせる必要がある

・公的機関としては健康被害や環境破壊を避けなければならないため、相応の負担をせざるを得ない

それでも推進派は「たとえフランスで公的機関の支出の方が多かったとしても、資金の12%は民間事業者が負担したのだから、少なくともその分はコストを削減できた」と主張するかもしれない。

しかし、入札や監督に関する労力、公務員と大企業社員の給与格差、さらに透明性の低い状況での不正会計などのリスクを考えれば、民間企業に委託しなかった場合と比べて節

約できるコストは、さらに圧縮されるだろう。しかも、この調査はリーマンショック以前のもので、2000年代後半から水メジャーの利益率が悪化したことに鑑みれば、現在では公的資金の負担割合がさらに増えていても不思議ではない。さらに、この状況を利用者の視点からみれば、仮に水道料金そのものに変更がなかったとしても（実際には多かれ少なかれ値上げされているが）、公的機関による水道事業者への資金協力が増えるほど税負担は大きくなりやすく、家計に占める負担は純増になる。

このように「水道民営化」をしても公的資金の負担割合が高くなりやすいことは、開発途上国でもほぼ同様だ。インドの事例をみてみよう。先述のように、インドは水メジャーからみて有望な市場の一つだが、カストロ教授らの調査によると、2007年から2012までの水道関連の投資額のうち、民間企業によるものはわずか0・4％にとどまり、ほとんどが中央政府（38・7％）と州政府（60・9％）によるものだった。言い換えると、もともと貧困層が多いはずの国で、税金の一部は水企業を潤す事業に回されていることになる。

さらに、開発途上国の場合、公的機関による投資には、先進国などの援助や、ＩＭＦ、世界銀行などの国際機関からの融資が含まれる。これらが貧困層向けの水道普及を掲げて援助や融資を行うことで、開発途上国での「水道民営化」は実現してきたわけだが、ここにも公的資金に依存する水企業の姿がうかがえる。先進国の援助は言うまでもなく、先進国政府が国際機関に拠出する資金も、元を正せば血税である。つまり、先進国で納められた税金の一部は、「貧困層が安全な水を飲めるようにするため」という大義のもと、巨大な水企業の利益に循環しているのだ。

こうしてみたとき、水ビジネスの活発化は公的資金によって成り立つのであり、水メジャーはむしろそれにぶら下がっているとさえいえる。水市場を取り巻く環境が変わっても、「水道民営化」によるコスト削減の効能が「大山鳴動して鼠一匹」になりやすいことは変わらないのである。

## 戦地で儲ける水企業

カストロ教授らが指摘する水ビジネスの第二の暗部は、紛争や暴力との結びつきだ。人間にとって不可欠の資源であるだけに、水をめぐる争いは歴史上絶えなかったが、現代ではこれがむしろ激化している。そのなかには、主に以下のような対立があげられる。

・国際河川や国境を隣接する湖をめぐる国家同士の争い（アフリカではナイル河の水利用をめぐるスーダンとエジプト、中央アジアではアラル海に注ぐシル・ダリア河のダム建設をめぐるカザフスタンとウズベキスタンなど）
・農業企業や資源開発企業が水源地の所有権を獲得し、近隣住民が水を自由に利用できなくなる「土地収奪」あるいは「水収奪」と、これに由来する衝突（森林や河川を開発する企業に抗議する住民運動のリーダーなどが殺害される「環境殺人」により、2017年だけで全世界で197人が犠牲になった）
・ボトル詰めウォーターを生産する食品メーカーが地下水を大量に汲み上げ、自然環境や地域社会に悪影響を与えることで発生する抗議活動や訴訟（インドでは1999年からコカ・コーラが地下水の開発に着手したが、これが土壌汚染などの問題を深刻化させ、州政府や裁判所を巻き込んだ対立に発展した）

とはいえ、これら全てを取り上げる余裕はないので、ここでは本書の趣旨に沿って、水道事業だけに限定して話を進めよう。

水が欠かせないのは平和な国でも戦地でも同じだが、安全な水への需要は、それが損なわれやすい戦地でむしろ高い。そこに利益を見込んで戦地に進出する水企業もあるが、これは結果的に、大義すら疑わしい戦争を支えることにもなる。

一例をあげると、ヴェオリアは2014年4月、イスラエルでの事業を売却すると発表した。「イスラエルの事業」という表現だったが、これはイスラエルが軍事的に占領しているヨルダン河西岸テブロンでの水道事業だった。

ユダヤ人とアラブ人（パレスチナ人）が領有をめぐって争うパレスチナ問題は、中東最大の火種である。1947年の国連決議ではユダヤ人とアラブ人でパレスチナを分割する決議が採択され、その決議に沿ってイスラエルは翌1948年、独立を宣言した。しかし、これに反対するパレスチナ人や周辺のアラブ諸国との間で戦闘が相次ぐなか、1967年の第三次中東戦争でイスラエルはパレスチナ全域を占領するに至った。その後、国連決議でパレスチナ人のものと認められる土地のうち、ガザ地区は2005年にパレスチナ自治政府に返還されたものの、ヨルダン河西岸地区はイスラエルの占領下に置かれている。そのため、この地ではイスラエル軍とパレスチナ人の衝突が絶えず、イスラム過激派の活動も目立つ。

イスラエルはこのヨルダン河西岸地区に国民を移住させ、農園などを経営させているが、そもそもこの土地は国連決議でパレスチナ人のものと認められている。その地にユダヤ人を入植させることは、国際法で禁じられる植民地支配にあたるとも批判されている。ヴェオリアが撤退を発表した水道事業は、まさにこのヨルダン河西岸地区でのものだったのである。

ヴェオリアを撤退に追い込んだのは、ヴェオリアが操業を開始した直後の2008年に始まった国際的な抗議活動だった。亡命パレスチナ人を含むパレスチナの抗議活動に、パレスチナ問題に関心の高い欧米諸国の市民団体が呼応し、この世論の高まりを受けてヴェオリアは各地で契約を失う事態に直面したのだ。2010年10月の段階ですでに、ヴェオリアの幹部はフランスの通信社AFPのインタビューで、「重要な契約を失わせる脅威」と語っている。

ヨルダン河西岸地区での活動に関して、ヴェオリア関係者は「占領政策に協力していたわけではなく、単にビジネスをしていただけ」と力説するかもしれない。しかし、動機づけはともかく、ヨルダン河西岸地区での事業をイスラエル政府から受注し、これを「イスラエルの事業」と表現すること自体、その地をイスラエルのものと認めるに等しく、「ビジネスのためにイスラエルの不法行為を黙認した」といわれても仕方ない（ちなみに、フランス政府は公式にはイスラエルの占領政策を批判している）。

ここまで露骨でなくとも、利益を見出せば戦地でも進出する点では、他の水メジャーも多かれ少なかれ共通する。例えば、２００８年にスエズ傘下のデグレモントは、イラクで約2億ドルの浄水場プラント建設を受注し、これをきっかけに同国に進出し始めた。

「フセイン政権が大量破壊兵器を保有していて、これがアルカイダなど過激派の手に渡ると危険」と主張するアメリカが主導した２００３年のイラク侵攻は、数あるアメリカの戦争のなかでも、とりわけ評判の悪いものだ。戦後、大量破壊兵器がみつからなかっただけでなく、たとえイラクが大量破壊兵器を保有していたとしても、アメリカの一方的な先制攻撃を認める国際法上の根拠はなかった。そのため、当時フランス政府はアメリカ批判の急先鋒として、イラク侵攻の不当性を世界に訴えた。

ところが、それからわずか5年後、当のフランス政府と結びついたスエズの系列会社がイラクでの水道事業を受注したのだ。発注主はイラク政府だが、戦闘が絶えないイラクでは資金も不足しがちで、そのほとんどを先進国とりわけアメリカからの支援に頼っている。つまり、戦地の人々にも水を届けるという高邁な理想があったとしても、スエズのビジネスは結果的に、アメリカのイラク政策を補完するものでもあったのだ。

民間企業が利益を追求することは当然だが、社会的な役割を強調することが多いだけに、水企業には大義と実利のギャップが特に目立つ。イラクにおけるスエズの活動は、これを象徴する。

### 汚職の温床としての水ビジネス

カストロ教授らが指摘する第三のポイントは、汚職である。汚職は単に道徳や人間性だけの問題ではない。決定権をもつ公的機関の担当者と事業を受注したい民間企業の間に金品の不当なやり取りがあれば、最も効率的・効果的な提案や計画が採用されにくいだけでなく、民間事業者が贈賄という「コスト」回収のために料金を引き上げやすくなり、これは最終的に利用者にとっての不利益となる。

カストロ教授らによると、水道事業に限らず、公共サービスへの民間参入は汚職を生みやすい構造がある。

・公的機関や公益法人の売却は、一度きりのチャンスになりやすいため、参入を目指す企業にとって贈賄のインセンティブが大きくなる

・30年前後の長期にわたるコンセッション契約やＰＰＰも、やはり一発勝負になりやすく、贈賄のインセンティブは大きくなる
・あらゆる形態のアウトソーシングは、参入を希望する事業者にとって、贈賄あるいはカルテルの結成（日本風にいうと談合）を試みる温床になりやすい

　だからこそ、公的機関による監督や監査が不可欠になるわけだが、そもそも多くの開発途上国では情実人事や縁故主義が根を張っており、特にアフリカの貧困国などでは公務員が収賄を一種の「特権」とみなす風潮さえある。そのような状況では、日本の公正取引委員会や会計検査院などにあたる監督機関や、裁判所、警察が期待通りに機能することは難しく、なかには監視する側自身が汚職にまみれていることさえある。また、透明性、説明責任、法令遵守にやかましい先進国でも、不正行為がなくならないからこそ、透明性、説明責任、法令遵守が叫ばれているといえるだろう。

　その結果、水ビジネスでも汚職は頻繁に発生しており、政治的有力者との不透明な関係は、水質悪化や料金高騰などの問題が頻発しても、契約が簡単に解除されない一つの理由になっている。

とりわけ金銭スキャンダルが目立つのが、「水の巨人」ヴェオリアだ。その象徴ともいえるのが、フランスでコンセッション方式が急速に広がり始めてから約10年後の1996年、ヴェオリアの2人の取締役がパリ郊外サン・ドニ郡での水道事業をめぐる贈賄容疑で、収賄側のサン・ドニ郡長とともに逮捕された事件である。裁判の過程で、同様に70以上の自治体の長への贈賄が発覚したため、収賄側とともに取締役らは罰金と懲役の実刑を言い渡された。

最近では、浜松市でのコンセッション事業が始まる直前の2018年3月、ヴェオリアはパリ近郊での下水処理事業で不正行為がなかったかの社内調査を始めると発表した。これはヴェオリア傘下の企業OTV社員からの依頼を受け、イタリアの有名法律事務所がヴェオリアに問い合わせたことで表面化した。真偽は定かでないが、OTVもフランスに拠点をもつにもかかわらず、わざわざイタリアの法律事務所に依頼したことからは、内部告発者がフランス国内におけるヴェオリアの影響力を恐れたことがうかがわれる。

当然のように、こうした問題はフランスだけにとどまらない。アメリカでは2001年、ルイジアナ州ニューオーリンズ市での上下水道の受注をめぐる不正で、ヴェオリア傘下のアクア・アライアンスが300万ドルの罰金を科された。

最近の事例でいうと、2015年9月、ルーマニア警察はヴェオリアの現地法人アパ・ノヴァの本社を家宅捜索し、歴代のフランス人CEOが取り調べを受けた。首都ブカレストの上下水道は2000年からアパ・ノヴァが25年契約で受注しているが、水道料金は2015年までに1400%値上がりしたといわれる。警察の捜査は、2008年の料金引き上げの際、アパ・ノヴァが見返りとして市の担当者らに1200万ユーロを提供し、そのための隠し口座を設けていた容疑によるものだった。その後、フランス人CEOらは出国したが、この事件を受けてアメリカの証券取引委員会も2017年5月、アメリカ国内で不正がないかを確認するため調査に乗り出すなど、国際的な関心を呼んだ。

水市場を取り巻く環境が厳しさを増しているなか、水メジャーにはこれまで以上に事業の受注や短期的な利益の確保へのプレッシャーが働きやすい。そのため、水ビジネスをめぐるスキャンダルは、今後とも増えこそすれ減ることはないとみられるのである。

## 水メジャーを呑み込むニュー・ウォーター・バロン

こうした水ビジネスの暗部をより増幅するとみられるのが、水市場に流れ込む大量のマネーである。

1990年代、ヴェオリア、スエズ、テムズ・ウォーターの3社は世界の水市場で大きなシェアを握り、「ウォーター・バロン（水の男爵）」と呼ばれた。しかし、現在ではゴールドマンサックス、JPモルガン、バークレイズ、HSBCなどの巨大金融機関や、世界長者番付に名を連ねる著名な投資家も水市場に参入して大きな存在感をもつに至り、これらはしばしば「ニュー・ウォーター・バロン」と呼ばれる。

ニュー・ウォーター・バロンの手法は、大きく三つある。第一に、水源地を含む広大な土地を確保することで、水道事業者に水を供給することだ。ただし、これは「水収奪」と映りやすいだけに、多くの水企業がそうであるように、反発や批判を受けやすい。例えば、ゴールドマンサックスは2008年、ネバダ州レノ市近郊の水道局と、周辺の水源地を50年契約でリースする契約に臨み、これをテコにレノ市の水道事業の経営権を握ろうとしたが、住民の強い反発を招いて頓挫している。

そこで第二に、よりスムーズに参入する手法として水企業の買収があり、その対象には水メジャーも含まれる。水道事業が完全に民営化されているイギリスでは、買収劇が特に活発だ。2007年、JPモルガンはスイス、オーストラリアのファンドとともにサウザン・ウォーターの株式を、同じ年にシティグループもヨークシャー・ウォーターの株式を、それぞれ取得した。また、2012年にはゴールドマンサックスが、イギリス南東部で約350万人に給水していたヴェオリアの現地法人を約12億ポンドで買収した。欧米の金融機関だけでなく、中国の政府系ファンド、中国投資有限責任公司も同年、イギリス最大の水企業テムズ・ウォーターの株式を8・68％取得している。

そして第三に、水道敷設などを進める国の政府に対する融資がある。一例をあげれば、JPモルガンは2008年、中国やインドなどアジア諸国でのインフラ整備のため、5億ドル相当の基金を設置している。

こうしたニュー・ウォーター・バロンの活動は、世界的にカネ余りが表面化していた2000年代から目立ち始め、リーマンショックで金融市場から資金が流出し始めた2008年以降、本格化した。2008年、ゴールドマンサックスが水を「21世紀の石油」と表現したことは、その象徴だ。

それでは、伝統的な水メジャーや新興水メジャーがひしめく水市場にニュー・ウォーター・バロンと呼ばれる大勢力が台頭し、競争が激化することには、どんな影響があるのか。

一般的に、競争は安くて良いモノやサービスを供給する原動力と考えられる。ただし、「自由競争は独占を生む」といわれるように、何の規制もなければ強者が次々と弱者を呑み込み、それは最終的に公正な取り引きとはかけ離れた市場を生みやすい。だからこそ、どの国にも公正取引委員会があるように、競争が無制限に認められることはなく、監督や規制など一定の歯止めがなければ、悪影響の方が大きい。

ところが、これまで取り上げてきたように、日本の２０１８年改正水道法を含め、多くの国では水道事業者への監督が十分ではない。そのため、ニュー・ウォーター・バロンの台頭による競争の激化は、利用者にとっても警戒すべきことで、そこには大きく二つの弊害が考えられる。

第一に、強力なライバルの登場によって、伝統的な水メジャーをはじめとする水企業が、いっそう激しい受注競争を強いられることだ。透明性が高くない水ビジネスで、それは汚職をこれまで以上に生みやすくする。入札段階で安く見積もり、受注後はさまざまな理由をつけて料金やコストを引き上げるのが水メジャーの常套手段だが、受注競争が激しくなればなるほど、無理な見積もりや経済的に正当化できない料金引き上げでも採用されるよう、公的機関の担当者を買収するインセンティブは大きくなる。繰り返しになるが、汚職は最終的に利用者の不利益になる。

第二に、巨大マネーに買収されることで、水企業が株主本位の、より近視眼的な経営に向かいやすくなることだ。第2章で取り上げたように、水道事業が完全に民営化されたイギリスでは、水企業の債務が増え、これが料金の上昇や納税額の減少につながってきたが、その一方で海外の機関投資家をはじめとする株主への配当は滞りなく行われている。つまり、海外マネーに経営を左右されるイギリスの水道事業者は、(民間企業としては当然かもしれないが)株主への配当を確保することを一義的な目標にしやすくなっており、長期的な経営目標はないがしろにされ、利用者が置き去りにされやすくなっているのである。

2018年改正水道法で想定されるコンセッション方式でも、民間事業者は民間金融機関から資金を調達できる。「貸したがる」グローバル金融からの借り入れが水道料金に反映されるのを防ごうと思えば、公的資金を注入せざるを得なくなるが、それは結果的に、先述した公的資金の負担が減らないカラクリを増幅させかねない。

こうした世界の水ビジネスの荒波は、もはや人ごとではなく、水道事業が開放された日本の瀬戸際にまできているのである。

# 第5章

# 水道法改正10年後の日本の水はこうなる！

## コンセッション方式は普及するか

### 普及を促す要因

2018年改正水道法で「水鎖国」が解かれた日本では、水道事業にさまざまな業種の企業が参入することが、法的には可能になった。そのなかには、激しさを増す世界の水ビジネスでしのぎを削る海外の水メジャーも含まれる。

この状況のもと、10年後の日本の水道はどうなっているのだろうか。そもそも日本の水道で、実際にコンセッション方式は普及するのだろうか。あるいは、普及するとすれば、どの程度だろうか。そして、水ビジネスが普及した場合、海外と同じく日本でも水質悪化や料金高騰などの問題は発生するのだろうか。この章では、これまでの海外の事例や日本特有の条件から、10年後の水道を予測してみる。

まず、コンセッション方式が日本で普及するかを考えていこう。

これに関して重要なことは、コンセッション方式を導入するか、しないかの決定権をもつ市町村の多くが、コンセッション方式に積極的でないとみられることだ。第3章で触れたように、コンセッション方式の導入予定に関する２０１５年の厚生労働省の調査に対して、ほとんどの水道事業者は「未定」と答えた。とりわけ人手の不足する小規模の水道事業者では、将来的な検討まで手が回りにくいが、それだけでなくコンセッション方式への警戒感も根深くあるとみてよい。いずれにせよ、水道事業の現場から強い要請や提案がなければ、自治体がコンセッション方式の導入の検討に着手するきっかけは生まれにくい。

ただし、その一方で、水道事業者の提案や発議がなくても、市町村長や市町村議会がイニシアティブを発揮することも、不可能ではない。実際、浜松市におけるコンセッション方式の導入は、鈴木康友市長が中心になって実現したが、多くの首長や地方議会が今後、「水道民営化」に関心を高めることはあり得る。それを促すとみられるのが、次の三つの条件である。

第一に、政府による「アメとムチ」だ。改正水道法に先立って成立した２０１８年改正ＰＦＩ法では、それ以前に自治体が水道関連の事業について政府の財政投融資特別会計に基づいて地方債を起債していて、その事業にＰＦＩを導入する場合、繰上償還を認め、さらにその際の補償金の支払いが免除される規定が盛り込まれている。要するに、これはアメだが、政府がコンセッション方式の導入を市町村に検討させるため、今後さらに期間限定の特例債の起債や補助金など財政的な協力を補強することもあり得る。

一方、当然のようにムチもある。水道事業以外の公的サービスに目を向けると、現状ですでに市町村には、ＰＦＩ導入に向けた圧力が加えられている。民間参入を促す方針のもと、政府からだけでなく、都道府県から市町村に交付されるインフラ整備のための補助金・交付金でも、すでに契約済みの事業などとともに、ＰＰＰ・ＰＦＩを採用した事業が優先されやすい。言い換えると、ＰＰＰ・ＰＦＩ以外の事業では希望通り補助金・交付金が交付されにくいため、市町村はさまざまな事業で民間参入を検討せざるを得ない。

この圧力は、水道事業におけるコンセッション方式でも強まるとみてよい。２０１５年に政府は、地方分権の一環として、水道事業に関する厚生労働省の事務・権限を希望する都道府県に委譲すると決定した（これを希望する都道府県は、水道事業基盤強化計画を策定し、監視体制を整えるなどの条件がある）。市町村と同じく、多くの都道府県もコンセッション方式に消極的だが、都道府県自身が政府からＰＰＰ・ＰＦＩの推進を迫られている以上、たとえ都道府県に水道事業の事務・権限が委譲されても、市町村に「水道民営化」を検討させる圧力がますます強くなることに変わりはない。

第二に、企業からの働きかけだ。改正水道法や改正ＰＦＩ法の成立によって、海外水メジャーを含めた民間企業が自治体にコンセッション方式の検討を促すロビー活動を強めることは、容易に想像される。こうした状況は汚職の温床になりやすいが、それもまたコンセッション方式の普及を促す一因になり得る。

そして第三に、他の自治体へのデモンストレーション効果だ。浜松市に続き、大阪市や宮城県なども水道事業におけるコンセッション方式に関心を示しているが、こうした自治体が増えれば、他の自治体にも「バスに乗り遅れるな」という機運が生まれやすくなる。いわば一種の群集心理だが、政府による宣伝は、これをさらに促すだろう。

以上の三つの条件がかみ合えば、現状では消極的な自治体の間でも、コンセッション方式が広がる可能性は小さくない。

## 前提となる広域化は進む?

ただし、たとえ首長や地方議会がその気になったとしても、そこにはもう一つのハードルがある。それは2018年改正水道法でコンセッション方式の導入とセットで想定されている広域化である。

自治体や水道事業者の間では、コンセッション方式はともかく、広域化への関心は小さくなく、実績でもこちらの方が多いが、政府が期待するほど、広域化が進むかは疑わしい。コンセッション方式を含むＰＦＩ事業の導入がそれぞれの自治体内部だけの決定で成立するのに対して、広域化の場合は当然、参加する全ての自治体の合意が必要で、第3章で取り上げた秋田市の事例のように、当事者の間で調整がつかないことも珍しくない。「水道民営化」を前提とする広域化となれば、なおさら自治体ごと、住民ごとの利害調整が難しくなる。

これに加えて、重要なことは、政府が旗を振る広域行政への不信感が自治体の間で小さくないことだ。その一因として、政府主導で進められた平成の大合併が、多くの自治体とりわけ過疎化の進む地域にとって遺恨になったことがある。

平成の大合併では、規模の拡大による公共サービスの効率化や地域の活性化が謳われ、政府は合併を実施する自治体に合併特例債の引き受けなどのアメを与える一方、これを進めない小規模な自治体には地方交付税の大幅な削減を先行させるなどのムチを加えた結果、「バスに乗り遅れる」ことを恐れた多くの自治体が合併に向かった。

ところが、事後のいくつかの調査は、この合併で政府が強調したほど効果が生まれず、むしろ公共サービスの効率化や地域の活性化に逆行する結果が発生したと報告している。

例えば、２００８年の全国町村会の調査報告は、平成の大合併による財政支出の削減や職員の能力向上といった効果を認めながらも、以下のような問題点を指摘した。

・自治体の面積が広くなったことで、行政と住民の結びつきが弱まり、住民活動への支援も行き届きにくくなった
・「サービスは高く、負担は低く」という方針が現実にはほぼ不可能だった
・合併した自治体の中心部に人や企業が集中するようになり、新自治体の周辺部分ほど衰退した

要するに、市町村合併によって、かえって地域の衰退に拍車がかかったというのだ。とりわけ比較的大きな都市と合併した小規模な自治体ほど、その影響は大きかった。ところが、こうした不満が噴出したにもかかわらず、２００９年の地方制度調査会で、政府は道州制を含む合併の議論をさらに進めようとしたため、全国町村会、全国知事会、研究者らが「検証なき合併は進めるべきでない」と反対し、平成の大合併は一区切りつけられた経緯がある。

## 水道施設整備費　年度別執行可能額推移
### （平成23年度～平成30年度）

＊各年度予算は補正予算を含む

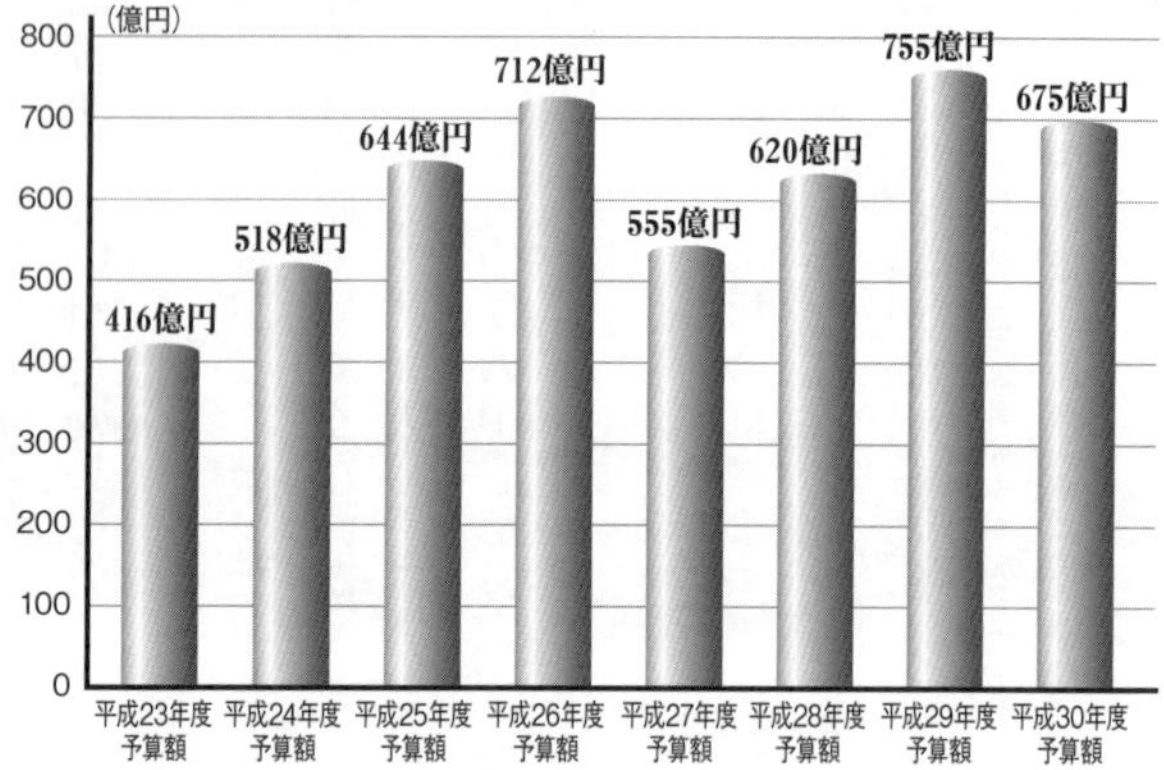


出所＝総務省自治財政局公営企業経営室「水道事業の持続的な経営を確保していくための課題等について」（平成30年6月）より作成

もちろん、市町村合併と水道事業の広域化は全く同じものではない。ここで強調しているのは、この背景のもと、政府が効果を力説する広域行政への不信感や警戒が小さな自治体の側に大きかったとしても、やむを得ないということだ。

これに拍車をかけているのは、政府が広域行政を強調する動機づけへの不信感だ。平成の大合併はスケールメリットや地方分権を大義としながらも、地方への財政支出を減らしたい政府の事情を強く反映していた。程度の差はあれ、同じことは水道事業にもいえる。

水道事業は自治体単位の水道事業者による独立採算が原則だが、政府は給水人口5

000人未満の簡易水道事業だけでなく、水道に水を供給する水源を確保するための水道水源開発や災害復旧などに適用される水道施設整備費補助金、水道施設の耐震化のための生活基盤施設耐震化等交付金などに予算を投入している。ただし、東日本大震災の発生した2011年に416億円だったその合計金額は、2018年には675億円にまで増えている。この間、広島土砂災害（2014年）や熊本地震（2016年）など自然災害が頻発したこともあり、これらの政府支出は増加し続けている。

つまり、政府がコンセッション方式とセットになった広域化で自治体の財源を確保しようとする背景には、財政支出の削減があるとみてよい。だとすれば、政府が熱心にスケールメリットを力説するほど、かつての経験から「政府が支出を減らしたいだけ」と自治体側がみなしても不思議ではない。これはコンセッション方式の前提となる広域化が急速に進むことを阻む要因になるだろう。

## コンセッション方式を導入しやすい自治体とは

広域化が進まなければ、民間企業は小規模な自治体に市場価値を見出しにくくなる。だとすると、全国の70％を占める人口5万人以下の自治体より、すでに多くの利用者を抱え、広域化の必要がない都市、とりわけ人口70万人以上の政令指定都市や人口20万人以上の中核市の方が、コンセッション方式に向かう可能性は大きいとみてよい。

ただし、全ての大都市がその候補とはいえない。２０１８年改正水道法の成立前後、神戸市の久元喜造市長がコンセッション方式を採用しない方針を打ち出し、新潟県議会が法改正に反対する意見書を可決したように、いくつかの大都市の首長や地方議会は、明確にこれを拒絶している。それらのほとんどは自民党・公明党に所属しているか、その支援を受けている。実際、神戸市の久元市長は総務省出身の元官僚で、新潟県議会の意見書は与党・自民党と野党の一致によるものだ。つまり、「水道民営化」に関しては、自民党のなかでも国政と地方で考え方に差がある。

それでは、どのような都市がコンセッション方式の導入に向かいやすいのだろうか。大きなカギを握るのは、首長や地方議会多数派のイデオロギー的な立場だ。つまり、保守派でもリベラル派でもなく、いわば「改革派」とでも呼べる首長や、その影響の強い地方議会ほど、「水道民営化」に理解を示しやすいとみられる。

ここでいう改革派とは、一言でいえば「個人や企業の活動の自由を大きくできれば全体の生産性は上がるため、これを妨げる現在の規制や再分配の仕組みは減らすべき」と考える立場で、いわゆる新自由主義者に近い。改革派は保守派ほど伝統的なものへの思い入れや外国への警戒感が強くなく、リベラル派ほど弱者の権利や市場経済の弊害を強調せず、その代わりに自己決定の原則と経済合理性を重視する。

日本では、保守派とリベラル派が「水道民営化」に消極的な点でほぼ共通する。2018年改正水道法に関して、朝日、産経、日経、毎日、読売の主要5紙のうち、日経以外の4紙が多かれ少なかれ懸念や疑問を呈したことは、その象徴だ。

世界レベルでみれば、新自由主義に基づくグローバル化に当初から批判的だったのは、主に人権、貧困、自然環境に関心の高いリベラル派で、「水道民営化」の一つの拠点WTOへの抗議活動も、リベラル派が中心である。そのため、グローバル化の一つの象徴である「水道民営化」に、日本でもリベラル派から批判の声があがることは不思議ではない。

その一方で、ウィリアム・アンド・メアリー大学のクレイグ・アントニー・アーノルド教授が指摘するように、海外企業に水資源が握られる可能性のある「水道民営化」は安全保障上のリスクを秘めているが、世界の水ビジネスで先行する欧米諸国では、程度の差はあれ、水企業の活動イコール自国の利益という構図が生まれやすいため、国家の独立や安全保障を重視する保守派が「水道民営化」を容認することも珍しくない。これに対して、日本は水メジャーの襲来を受ける立場にあるため、保守派がこれに警戒感を募らせやすい。

その結果、日本で「水道民営化」に積極的なのは、ほぼ改革派に限られてくる。浜松市の鈴木市長、大阪市の吉村洋文市長、宮城県の村井嘉浩知事は、所属する、あるいは所属していた政党はバラバラだが、この点でほぼ共通する（このカテゴリーには、東京都の小池百合子知事、名古屋市の河村たかし市長なども含まれるだろう）。つまり、伝統的な自民党の系統とも、これに批判的な立憲民主党や共産党とも異なるスタンスの首長や地方議会ほど「水道民営化」にイデオロギー的に近く、そうした自治体ほど海外水メジャーを含む企業の働きかけを受けやすいといえる。

## コンセッション方式で日本の水道はどうなるか

### サービスが悪化する条件

では、コンセッション方式が普及した場合、水質汚染や料金高騰といった問題は発生するのだろうか。

将来的に何も問題がないことは想定できない。ただし、当初はほとんど問題が発生しないともみられる。なぜなら、日本の水道事業に進出したい海外水メジャーを含む水企業にとって、いきなり料金引き上げなどに踏み切れば、警戒感を広げ、それ以上の受注の道を自ら閉ざしかねないからだ。実際、２０１８年４月から一部の下水道が「水の巨人」ヴェオリアも参加する企業連合によって経営されている浜松市では、コンセッション方式の開始後も下水道使用料は据え置かれている。

世界に目を向けると、コンセッション方式が導入された最初の年から料金引き上げなどが発生した事例は少なくない。しかし、その多くはフランス、フィリピン、ボリビアなど、「水道民営化」に関する問題が広く知られず、いわば水企業の自由度が高かった２０００年以前の事例か、ＩＭＦや世界銀行などから融資を盾にコンセッション方式の導入を求められた国の事例である。

日本の場合、これらとは立場が異なる。「水道民営化」に関する問題はもはや世界的に知られており、水企業も以前より慎重に行動せざるを得ない。さらに、日本はワシントン・コンセンサスの圧力にさらされる開発途上国ではなく、むしろＩＭＦや世界銀行への有力な出資国ですらある。そのうえ、世界的に水ビジネスが活発化し、「未開拓地」日本市場への進出を目指すライバルがひしめくなか、警戒感を招くことは水企業にとって得策ではない。これらを考えあわせれば、コンセッション事業を受注したての企業はむしろ、高い評価を目指してサービス向上に腐心するとみられる。

ただし、仮に当初は何事もなかったとしても、それが継続するかは話が別だ。その分かれ目になると考えられるのが、日本国内である程度コンセッション方式が普及した場合である。つまり、長期にわたって事業を独占できる市場を十分囲い込み、「釣った魚にエサをあげずに済む」状況になった場合、民間事業者のそれまでのサービスのよさが影を潜めたとしても不思議ではない。

## 問題が発生しやすくなる潮目

この推測は単純すぎると思われるかもしれない。しかし水企業に、性善説に基づいた行動を期待できないことは、各国における事例からだけでなく、日本特有の条件からもいえることだ。

第1章で述べたように、2018年改正水道法で定められる監視・監督システムは、イギリスやドイツのものに比べて厳格でなく、水道の再公営化が多発しているフランスやアメリカのものに近いほど緩い。

経済学では人間を合理的な存在と捉える。ここでいう合理的とは、自分の利益の最大化を目指して行動するという意味だ。だとすると、ルールに違反しても制裁を受ける目算が低いなら、ルールに従わないで手を抜いた方が利益は大きいという意味で合理的だ。つまり、規制が形式にすぎなければ、合理的な民間事業者ほど契約に縛られにくくなる。だからこそ、事業を委託する側は事業を請け負う側の活動を監視する必要があるのだが、2018年改正水道法は他国と比較してもプリンシパル・エージェント問題を誘発させやすい。

これ以外にも、日本では「水道民営化」にともなう問題が海外と比べても発生しやすい条件があるのだが、それらは後に詳しく検討する。ここで強調するべきは、コンセッション方式がある程度普及しなければ、水企業のサービスはむしろ向上しやすく、あるいは利益の確保を諦めて海外水メジャーが撤退することもあり得る一方、その逆にコンセッション方式がある程度普及すれば、水企業による経営の慎重さが失われやすくなることだ。

ここでいう「ある程度」がどの程度なのかは予測が難しいが、先進国のなかで「水道民営化」の普及率が低いアメリカで、民間企業による給水人口が全体の15%程度にとどまり、それでも問題が頻発してきたことを考えれば、日本人口約1億2000万人の10~15%が民間事業者の給水を受けるようになったタイミングが、一つの潮目と想定される。

そして、このハードルは必ずしも高くない。例えば、現状ではその可能性を否定しているが、仮に東京都（約1386万人）がコンセッション方式を導入すれば、それだけでこの基準内に収まる（東京都水道局は1987年から段階的に、株式の過半数を保有する東京水道サービスに23区や多摩地域などでの業務の大部分を委託してきており、これは新興国に多い「公的機関の企業化」に近い）。また、政令指定都市のうち、特に人口の多い横浜市（約374万人）、大阪市（約272万人）、名古屋市（約232万人）、札幌市（約196万人）、福岡市（約157万人）の合計でも、この水準に迫る。その意味で、大都市の動向は、10年後の日本の水市場の行方を左右する大きなポイントになるとみられるのである。

## 安全な水は保たれるか

それでは、コンセッション方式が普及したと仮定して、10年後の日本の水道がどうなるかを考えていこう。そのヒントとして、これまでに取り上げた海外の事例を振り返ると、10年近くコンセッション方式に基づく民間企業の水道経営が続いた主な都市には、ブエノスアイレス（1993〜2002年）、上海（1996〜2004年）などが、10年以上続いた主な都市には、パリ（1985〜2010年）、マニラ（1997年〜）、ブカレスト（2

000年〜）などが、それぞれあげられる。これらの事例を、水の安全性、水道料金、公的資金の負担の三つの観点から洗い出し、日本に当てはめてみよう。

まず、コンセッション方式が導入されても安全な水は保たれるのだろうか。これまでの事例を振り返ると、水道事業に民間企業が参入した途端、水道水をそのまま飲めなくなったことも珍しくない。近年では、後述するように、ミシガン州フリントでレジオネラ菌の発生などを止められなかったとして、2017年に市当局などとともにヴェオリアにも批判が集まった。

ただし、上下水道の水質は公衆衛生や自然環境に直接影響を及ぼすだけに、利用者の不満が噴出しやすく、公的機関の対応も厳しくなりやすい。そのため、水質悪化が深刻化した多くの事例では、コンセッション契約が短期間のうちに解消されてきた。

むしろ、国家権力とあからさまに癒着した中国を除き、10年前後コンセッション方式が続いた事例に限ってみれば、飲めない水が提供され続けるといったことは、ゼロではないものの少ない。例えば、コンセッション方式が10年以上続いたパリでは、一度は水質悪化に不満が噴出したものの、その後は改善がみられた。また、マニラの事例でも、水道料金が高すぎるという批判は珍しくないが、水質への批判は稀である。

こうしてみたとき、10年後の日本の水道には二つのシナリオが想定される。つまり、突発的に水質が悪化しながらも、長期的にみて基本的な安全性（それが現状より高いレベルの安全性かはともかく）が確保され、コンセッション方式が維持されているか、健康被害や環境汚染などの深刻化によって、10年を待たずに再公営化の動きが表面化しているか、のどちらかである。ただし、どちらの可能性が高いかは、五分五分としかいえない。

## 水道料金は最低2倍以上

むしろ、第二のポイントである料金高騰の方が、水質悪化より発生の確率がはるかに高い。先述の10年以上コンセッション方式が維持された事例のほとんどでは、長期的に水質がほぼ維持された一方、押しなべて料金が上昇しており、確認できる範囲でパリでは１９８５年から２００９年の間に２６５％以上、マニラでは１９９７年から２０１８年までに約１０００％、ブカレストでは２０００年から２０１５年までの間に約１４００％、それぞれ上昇した。パリ、マニラ、ブカレストでの料金上昇のペースを単純に10年間に置き換えると、それぞれ平均で１１０％、４７６％、９３３％となる。

ほとんどの場合、料金引き上げの理由は物価上昇などだが、民間事業者を監視する専門機関がなければ、料金がさらに上がりやすく、パリのように経済的に正当な価格以上に設定されていたことが事後的に発覚した事例もある。さらに、海外では自治体などの担当者と水道事業者の不透明な関係も数多く指摘されているが、これも料金引き上げを公的機関に認めさせる手段とみてよい。

繰り返しになるが、日本ではコンセッション方式に基づき水道事業を委託された民間事業者を監視・監督する体制が、形式的なものにすぎない。そのうえ、第3章で確認したように、もともと日本の水道料金は物価水準に照らして安すぎるほど安いため、まともに市場価格で料金を設定すれば、さらに料金は引き上げられやすい。

とはいえ、あまりに料金が上昇すれば、政治問題になりやすい。したがって、コンセッション方式が導入されても、政府や自治体が民間事業者に補助金などを提供してカバーする公算が高い。その場合、開発途上国フィリピンのマニラや旧共産圏ルーマニアのブカレストに近いペースで料金が上昇することはないかもしれないが、物価水準と現行の料金の水準のギャップの大きさなどを考えれば、少なくともパリより値上がりペースが遅いとは想定しにくい。そのため、かなり控え目に見積もったとしても、10年後に水道料金は約110％以上の上昇、つまり2倍以上になることは避けられないとみられる。

# 上水道水道料金平均(円)／年度

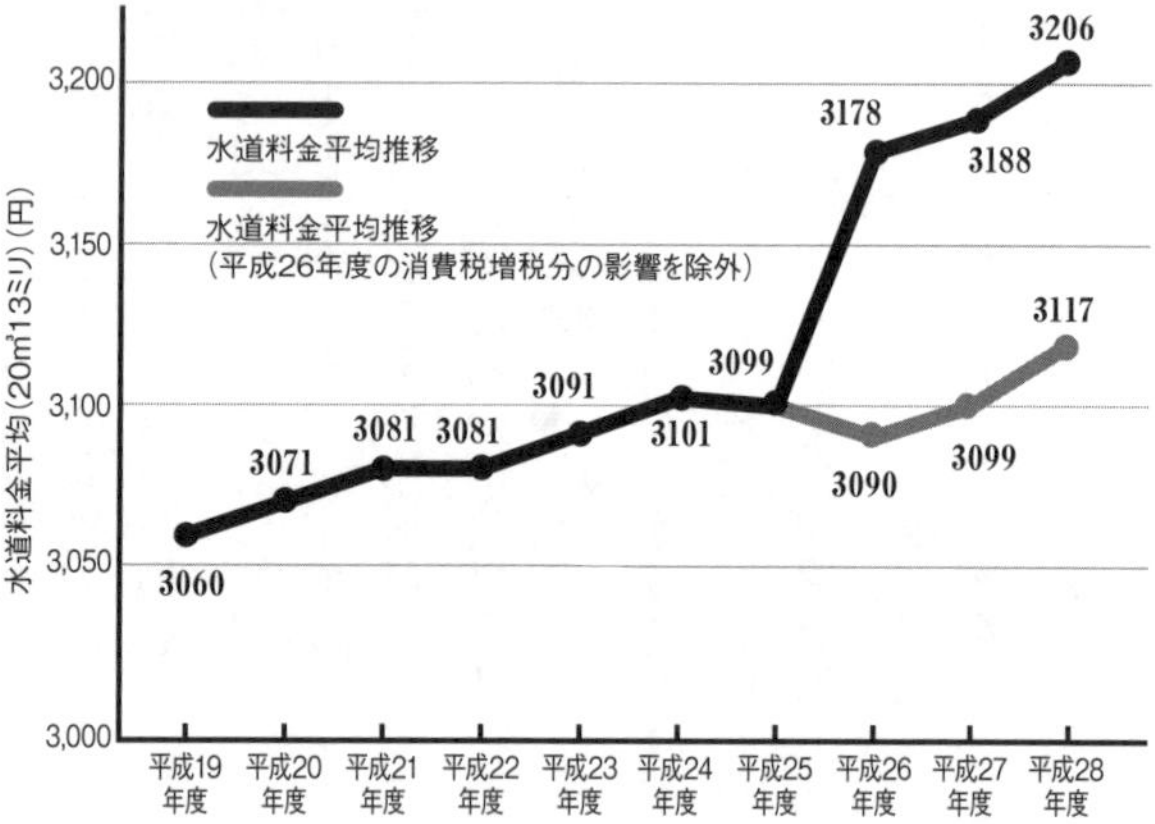


出所＝総務省自治財政局公営企業経営室「水道事業の持続的な経営を確保していくための課題等について」(平成30年6月)より作成

だとすると、水道料金はいくら位になるのか。総務省の統計によると、2000年代後半から水道料金の平均は月額3000円前後で推移しており、2014年の消費税引き上げで大きく上昇したものの、その影響分を除外すれば、3100円程度に抑えられている。その2倍と想定すると、月額平均6000円以上となる。

さらに、これはあくまで全国平均であり、自治体により下水道使用料を含む水道料金は異なる。例えば、2013年のデータで東京都と全国20の政令指定都市だけを比較しても、最も安い川崎市では平均3000円を下回るが、最も高い新潟市では平均で5000円を超えている。そのため、水道

## 21大都市の水道料金の比較
### (口径20mmの1カ月平均使用量16㎥の金額)

| 都市名 | 金額 | | | 順位 | | |
|---|---|---|---|---|---|---|
| | 水道料金 | 下水道使用料金 | 上下水道料金 | 水道料金 | 下水道使用料金 | 上下水道料金 |
| 川崎市 | 1504 | 1448 | 2952 | 1 | 12 | 3 |
| 大阪市 | 1532 | 916 | 2448 | 2 | 1 | 1 |
| 広島市 | 1558 | 1407 | 2965 | 3 | 10 | 4 |
| 浜松市 | 1616 | 1862 | 3478 | 4 | 17 | 10 |
| 静岡市 | 1622 | 1862 | 3647 | 5 | 18 | 13 |
| 北九州市 | 1732 | 1480 | 3212 | 6 | 14 | 7 |
| 相模原市 | 1741 | 1275 | 3016 | 7 | 5 | 5 |
| 神戸市 | 1750 | 1058 | 2808 | 8 | 3 | 2 |
| 堺市 | 1800 | 2055 | 3855 | 9 | 19 | 15 |
| 横浜市 | 1824 | 1378 | 3202 | 10 | 7 | 6 |
| 京都市 | 2032 | 1378 | 3410 | 11 | 7 | 9 |
| 名古屋市 | 2034 | 1208 | 3242 | 12 | 4 | 8 |
| 東京都 | 2048 | 1440 | 3488 | 13 | 11 | 11 |
| 岡山市 | 2136 | 2106 | 4242 | 14 | 20 | 19 |
| 熊本市 | 2200 | 1658 | 3858 | 15 | 15 | 16 |
| 千葉市 | 2360 | 1379 | 3739 | 16 | 9 | 14 |
| 福岡市 | 2430 | 1802 | 4232 | 17 | 16 | 18 |
| さいたま市 | 2480 | 1476 | 3956 | 18 | 13 | 17 |
| 札幌市 | 2520 | 1002 | 3522 | 19 | 2 | 12 |
| 仙台市 | 3160 | 1327 | 4487 | 20 | 6 | 20 |
| 新潟市 | 3592 | 2130 | 5722 | 21 | 21 | 21 |
| 平均 | 2080 | 1515 | 3594 | | | |

(税抜額、単位=円)＊水道料金が安価な順位

出所=京都市上下水道局「上下水道料金の改定について　参考資料」より作成

料金が仮に2倍になったとしても、その負担感は利用者が居住する自治体ごとに大きく異なる。

### 公的資金の負担はほとんど減らない

そのうえ、公的資金が投入される頻度があがれば、第三のポイントである公的機関の負担は、ほとんど減らないことになる。

コンセッション方式では民間事業者が民間企業から投資や融資を受けることが認められており、この点を強調する日本政府は、あたかも自治体の負担が簡単に減らせるかのように主張してきた。

しかし、水道事業が完全に民営化されたイギリスでさえ、民間企業からの投資は期

待したほど増えず、結果的に民間事業者の負債が増え、その分は水道料金に反映されてきた。さらに、コンセッション方式が中心の国では、水道料金の高騰を抑えるために、民間の投資や融資を上回るほど公的資金が注入されることも珍しくなく、その結果フランスでは、2006年段階で水道事業に関する投資額のうち民間事業者によるものが全体の約12%にとどまった。

フランスの場合、上下水道の平均で人口の60%以上が民間事業者の給水を受けていて、投資額に占める民間事業者の割合が約12%であるなら、ここで想定されている日本人口の10%程度が民間事業者による給水を受ける状況では、民間投資の合計金額はフランスでのものより少なく、投資額全体に占める割合も低くなるはずで、やや高めに見積もっても5%前後と見込まれる。

これを裏返せば、コンセッション方式が普及した日本では、公的資金の負担割合がフランスの水準より高くなることを意味する。その場合、公的機関のコスト削減の効果は、極めて限定的になる。

経費を1円でも安くすることを何より優先させるなら、それでもよいかもしれない。しかし、それがコストパフォーマンスの観点から優れているかは別問題だ。

水道職員の人員削減が進む昨今、一人当たりの作業量は増えている。「働き方改革」が叫ばれ、額面上の人件費を圧縮する効果のあったサービス残業が当たり前でなくなった現代、職員を増やすことなく、コンセッション方式の導入の検討、入札、監督などの作業量を増やせば、現場のさらなる疲弊を招くだけでなく、自治体のコスト負担も大きくなる。

要するに、ただ経費をわずかでも削減することにのみ血道をあげれば、全体のパフォーマンスを逆に低下させかねない。それは当然、水道の利用者である自治体の住民にも跳ね返ってくる。

## 問題が発生した場合に軌道修正できるか

### 問題そのものが気づかれにくい

こうしてみたとき、コンセッション方式が普及した10年後の日本では、推進派が触れようとしない問題が表面化する見込みが大きく、それと比べて支出削減などの効果の方が大きいかは疑問である。

しかし、たとえ問題の方が効果より大きかったとしても、死者を出すほどの健康被害などがない限り、一旦導入されたコンセッション方式が見直されたり、契約解除に至ることは、ほとんどないと見込まれる。なぜなら、日本の場合、２０１８年改正水道法がプリンシパル・エージェント問題を引き起こしやすく、公的機関が民間事業者を十分監督できないだけでなく、住民・利用者の意見や要望が水道事業に反映されにくいからである。

なぜ、利用者の声が届きにくいのか。そこには、水道事業だけでなく、日本社会全体にかかわる六つのポイントがある。

その第一は、問題の発生そのものが気づかれにくいことだ。これは特に、水道料金に関していえる。

水道水に異臭がする、周囲の河川が汚染されてきたといったことは、個人でも気づきやすく、過去と比べて水道料金があがってきたことも実生活のなかで認識しやすい。ただし、水道料金が市場価格に照らして高いか安いかは、監督する立場にある公的機関ですら判断が難しい。改正水道法や改正ＰＦＩ法では、民間事業者が設定する水道料金が適正かを確認するベンチマーキングなどの仕組みがないからである。

まして、一般の利用者にとって、水道料金が適正かを判断することは至難の業だ。もともと自治体ごとに水道料金は異なるうえ、一般の利用者にはそれを比較する術がない。インターネットの普及した現代では、ほとんどの商品やサービスの価格を容易に、しかも全国一律で比較できる。しかし、公共サービスの料金を比較検討するサイトなどはほとんどなく、行政側にはその情報を発信する意思もない。水道料金についても同様である。

このような状況のもと、仮にコンセッション方式が導入された自治体で料金が引き上げられ、それが明らかに他の自治体より高かったとしても、水道事業者に「物価上昇を反映したもの」、「本来の市場価格に近い価格」、「他の自治体が安すぎるだけ」などといわれた場合、その言い分の正当性を一般の利用者が検証することは、事実上不可能に近い。

問題としての認知さえ難しい状況では、情報を多くもつ者の主張が優位に立ちやすい。この場合、それはつまり水道事業者である。

## 内部告発者に厳しい国

ここで浮上する第二のポイントが、内部告発の難しさだ。

民間企業の活動に問題がないかを監視・監督する役割は、一義的には公的機関が果たすべきだが、実際にはそれが機能しないことも珍しくなく、マスメディアや消費者が気づかないことも多い。そのため、これまでの各種企業の品質偽装、不正会計、労働環境の問題のなかには、内部告発が解明のきっかけになったものも少なくない。

世界レベルでみても、フェイスブックからの情報漏洩などを受け、企業や公的機関に法令を遵守《じゅんしゅ》させるうえで、内部告発はもはや重要な手段とさえ認知されており、アメリカのように報奨金を出す国もある。

水道事業に関していうと、第4章でみたように、最近では2018年にヴェオリアの子会社OTVの社員が法律事務所を通じて内部告発に踏み切った。水道事業の場合、必要な専門知識が多いうえ、情報共有が難しいため、問題を明らかにするうえで内部告発がもつ重要性は、他の多くの業種よりさらに高くなる。

ところが、日本では海外と比較して、内部告発が難しい。2004年に成立した公益通報者保護法では、企業や公的機関による不正が内部で改善されない場合、それらの組織に所属する者が上位機関やマスメディアに告発することが法的に認められている。また、この法律では内部告発を理由とした解雇、派遣労働者契約の解除、その他の減給、降格といった不利な扱いを無効と定めている。

ただし、この法律には内部告発された側が「犯人捜し」を行い、人事などで報復することへの罰則規定はない。そのため、不正を告発した者が閑職に追いやられたり、離職を迫られたりすることも珍しくない。それにもかかわらず、報復人事への異議申し立てを受け付ける公的な専門窓口はなく、内部告発者が孤立する恐れも大きい。つまり、日本では勇気を奮って不正を告発することが「割に合わない」と思わせやすく、これは不正があってもそのままになりやすい状況を再生産しやすい。

これに対して、多くの国では内部告発者を保護する制度を設けている。例えば、EUは2018年、内部告発者の保護を強化し、不当解雇などに対する異議申し立てを受け付ける専門窓口の設置を決定した。この制度では内部告発者に不当解雇を証明する責任が求められるのではなく、雇用主側に「不当解雇ではないこと」を証明する責任がある。これは資本力に劣り、訴訟費用の負担を重く感じやすい内部告発者に、異議申し立てをしやすくするもので、アメリカやイギリスでも同様の窓口が設けられている。また、中国や韓国では内部告発者に不利な扱いをした場合、懲役や罰金など刑事罰の対象にさえなる。

これらと比べて、日本の公益通報者保護法は、積極的に内部告発者を守るものではない。これは、水企業が法令を遵守していない場合、それが内部から明らかになることを期待しにくくする条件といえる。

## 消費者の利益を代弁する組織の未発達

「水道民営化」で問題が発生しても軌道修正が難しいとみられる第三のポイントとして、日本の消費者に発言力が乏しいことがあげられる。

これまで数多くの企業の不祥事が発覚した際、消費者はその商品を買わないことで制裁を加えてきた。しかし、独占事業になりやすい水道の場合、そうした選択の余地は乏しいため、民間事業者に改善を促すためには、監督者である公的機関に働きかける必要がある。ところが、日本では消費者の声を代弁する組織が発達していないため、その発言力は限定的になりやすい。

水道事業に関していうと、例えば水道広域化を掲げた2004年の「水道ビジョン」は厚生労働省が設置した委員会で採択されたが、その10人の委員の構成は水道関係者4名、学識経験者3名、地方自治体の代表1名、民間企業から1名で、利用者の代表は主婦連合会の和田正江参与だけだった。これが広域化だけでなく水道事業への民間参入をより強く打ち出した2012年の「新水道ビジョン」になると、11名の委員の構成は水道関係者5名、学識経験者3名、地方自治体の代表2名、民間企業から1名で、利用者の代表はゼロになった。利用者の代表を排除したこの委員構成は、政府の消費者への見方を表すとともにに、日本で消費者がまとまった力になっていないことをも象徴する。

海外に目を転じると、アメリカの場合、全国に数多くの消費者団体がある。その最大のものの一つである全米消費者連盟（ＣＦＡ）は全国３００以上の団体が加盟する連合体で、環境保護団体などとともに、水道の安全性などを監視し、世論啓発に努めている。こうした規模の大きな団体の支持は、票になるために政治家も無視できなくなる。一方、多くのヨーロッパ諸国では、全国規模の労働組合が消費者・生活者の代表として、政府や企業の代表と定期的に協議の場をもち、この三者間の合意で政策が決定される仕組み（コーポラティズム）が発達している。形態に違いはあっても、どちらも消費者の声を政治に届きやすくするものだが、こうした活動は参加者たちが時間や労力といったコストをかけることで維持される。

これに対して、日本では主張内容にかかわらず、デモや抗議活動を毛嫌いする風潮さえあるように、自分たちの利益を守るために団体に参加する人は多くない。言い換えると、政治的な発言力をもつためのコストを負担する人は少ない。消費者の権利に関してもこれは同様で、それは結果的に「消費者・生活者の声をインプットしなければならない」と政治や行政に思わせにくくする。

現代では、公共サービスの利用者がインターネットを通じて政治を動かすこともある。「保育所落ちた」という書き込みが大きな反響を呼び、政府に保育所増設に向かわせる圧力になったことは記憶に新しい。

ただし、こうしたネット上の不特定多数の世論は爆発的に広まりやすいものの、一過性のものにもなりやすく、まとまった組織ではないために継続的な集票機能もない。そのため、そうしたネット世論は政治家にとって、圧力を感じながらも、「嵐が通り過ぎるのを待つ」選択をさせやすい。それは利用者より民間事業者の声が反映されやすい土壌といえるだろう。

## 司法のハードル

第四のポイントは、日本の司法が消費者に親切ではないことだ。

第2章で取り上げた各国の事例では、「水道民営化」で問題が発生した場合、住民・利用者が裁判で軌道修正を図った事例が少なくない。巨大な企業を相手に、消費者が利益や権利を守る手段として訴訟がもつ重要性は、世界共通といえる。ところが、日本では欧米諸国と比べて、消費者からみた司法のハードルが高い。

例えば、アメリカとの比較でみていこう。アメリカでは他の国と比べても、訴訟が「水道民営化」による問題を矯正する重要な手段になってきた。その背景には、アメリカでは消費者が企業を訴えることが珍しくないことがあり、例えば製品の欠陥などによって不利益を被ったと主張する製造物責任（ＰＬ）訴訟の件数は、２０１１年だけで５９７６１件にのぼった。これに対して、日本では同じ年、ＰＬ訴訟は19件にとどまった。

この違いには文化の違いもあるが、司法制度の違いによるところが大きい。アメリカのＰＬ訴訟や公害訴訟では、州や裁判所によっても異なるが、基本的に被告である企業側に「企業活動と問題の間に因果関係がない」と証明することが求められる。一方、日本では企業を訴えた原告側に「企業活動と問題の間に因果関係がある」ことの証明が求められやすいが、よほど協力的な弁護士や専門家が現れない限り、法律や科学の専門知識に乏しい住民・利用者が、そうした因果関係を立証することは難しい。

さらに、アメリカでは問題のあった企業に、日本円に換算して数十億円といった過剰なまでの賠償金が請求されることが珍しくない。アメリカの司法では強い非難に値すると裁判所や陪審員が判断した場合、制裁を加え、同様の事案が将来発生することを防ぐための懲罰的賠償請求が認められている。これに加えて、裁判所の承認に基づき、同様の被害を受けた者（場合によっては数百万人におよぶ）を代表して一個人が訴訟を行う「クラス・アクション」と呼ばれる集団訴訟の制度が普及していることも、請求金額を膨大な額にする一因といえる。

これらは、企業に安全への配慮などを意識させやすく、問題発生に対する抑止効果をもつといえる。最近の水道事業に関していうと、ミシガン州フリント市では住民の間で血液鉛濃度の上昇やレジオネラ菌の感染が確認され、2016年1月にオバマ大統領（当時）が非常事態を宣言するに至った。翌2017年10月、住民の弁護団はクラス・アクションの訴状を提出したが、そこには州政府や市当局とともに、ヴェオリアも記載されていた。

これに対して、日本では2013年に「消費者の財産的被害の集団的な回復のための民事の裁判手続の特例に関する法律」が成立し、クラス・アクションが可能になったものの、先述のように違法行為の立証責任が原告側にあることに変わりはない。さらに、懲罰的賠償請求の制度も日本にはない。

もちろん、それでも訴訟となれば、民間企業は評判の悪化などを気にするだろうが、長期にわたる独占事業となれば、競争が激しい業界と事情は異なる。「裁判に訴えられても大丈夫」と思えば、なおさらである。

つまり、日本の司法制度は総じて住民・利用者に不利で、企業に有利なものであり、「水道民営化」によって問題が発生した場合でも、裁判でこれを矯正することは難しいとみられるのである。

## 選挙の効果と限界

「水道民営化」によって問題が発生しても軌道修正が難しいとみられる第五のポイントは、日本で選挙による首長の交代が少ないことだ。海外の事例をみると、民間事業者への批判が高まった場合、コンセッション方式導入の決定権者である首長が選挙で敗れることで、契約解消や再公営化などが実現したことが少なくない。

パリの事例をあげよう。パリでは1985年、保守派政党の共和国連合出身で、後に大統領となったジャック・シラク市長（当時）により、水道事業への民間参入が進んだ。その後、水質悪化や料金高騰などの問題が噴出し、市民の不満は高まったが、1995年にシラク市長からその座を引き継いだ、やはり共和国連合出身のジャン・チベリ市長（当時）のもと、パリ市が規制の強化に踏み切ることはなかった。その転機は、2001年市長選挙での政権交代だった。リベラル派の社会党出身のベルトラン・ドラノエ市長（当時）のもと、パリ市はヴェオリアとスエズへの監査を強め、その不透明な見積もりなどを明らかにしていき、最終的に契約更新をしない形で再公営化を実現させたのだ。

これに関して、共和国連合からは「水道を政治的に利用している」という不満ももれた。実際、政治家が前任者の責任を追及することで支持を高めようとすることは珍しくない。ただし、その一方で、自らの判断ミスが追及されることを恐れ、その政策を推し進めた党派や担当者が問題を過小評価するのもよくあることだ。少なくとも、パリでは政権交代が水道の再公営化に結びついたことは間違いなく、同様の事例はアメリカのインディアナポリスなどでも確認される。

これに対して、日本では知事や市町村長が多選を重ねることが目立つ。その背景には、欧米諸国と異なり、そもそも首長に任期の制限がないことだけでなく、国政で対決する与野党が地方選挙では相乗りで同一候補を支援するパターンがある。

その結果、国政以上に地方では政権交代が起こりにくく、首長が長期政権を敷くことが多い。例えば、全国市長会の資料によると、２０１８年に実施された選挙で選出された全国の市区長は２１２人で、このうち新任は78人にとどまった。そのなかには、前任者から「後継者」と位置づけられて選挙に臨んだ者も多く、その場合は大きな路線変更は考えにくい。一方、212人のうち3期以上は91人にのぼり、このうち4期以上は42人を占めた。都道府県知事や町村長についても、ほぼ同様の傾向がある。

多選を擁護する立場からは、「多選に具体的な弊害は確認されない」といった反論もある。しかし、首長が長期にわたって交代しなければ、その決定によって問題が発生したとしても、よほど深刻な被害がない限り、軌道修正は難しくなりやすい。この状況は、コンセッション契約を勝ち取った民間事業者にとって安心材料になるといえる。

## ドイツとブラジルに学べること

こうしてみたとき、日本のさまざまな制度は、消費者の利益や権利を守る機能が弱い。それは「水道民営化」によって世界各地で発生した問題が日本で発生することを食い止めるどころか、後押しすることにさえなりかねない。その場合、コンセッション方式の導入によって財政支出の削減などが実現したとしても、その効果は相殺されるか、社会全体でみてむしろマイナスになることもあり得る。

ただし、その一方で、水道事業が火の車であることは確かで、何の変更もなければ、従来通りの安くて安全な水を期待することも難しい。そのため、民間企業の参入も選択肢の一つであることは否定できない。

つまり、第1章でも述べたが、日本の水道事業を持続的なものにするうえで重要なことは、公営か民営かという経営主体の問題ではなく、水道事業を監督し、ムダを排除するための情報の透明性や説明責任を向上させる、いわゆるガバナンスの改善である。そして、これは水道事業者や公的機関だけでなく、消費者の関わりによって成り立つものといえる。

この点で参考にすべきは、ドイツとブラジルだ。第2章で詳しくみたように、ドイツとブラジルでも問題が皆無ではないが、水道事業への民間参入を進めながらも再公営化の事例が少ないなど、両国は「水道民営化」の成功例と呼べる。ドイツとブラジルは、市場経済に傾いたコンセッション方式ではなく、自治体と企業による共同経営が中心であることだけでもなく、水道事業に対する住民・利用者の働きかけが強いことでも共通する。

ペンシルベニア大学のキンバリー・フィッチ博士は、フランスとドイツの「水道民営化」を地方自治の観点から比較し、フランスでは（日本以上に）自治体が政府に依存しており、住民も国政には関心があっても地方政治に関心が低く、これが問題を抱えたコンセッション方式の普及や存続を促し、逆にドイツでは連邦制であることも手伝って、地方政治への住民の関心が高いことが、パフォーマンスの低い「水道民営化」が長続きしない要因になったと指摘した。つまり、住民・利用者の自治体への意識的なかかわりが、「水道民営化」の成否を分けるというのである。

ブラジルに目を転じると、先述のように、同国の水資源の管理に関する最高意思決定機関である全国水資源理事会には、連邦政府や水道事業者だけでなく、消費者団体を含むNGOや住民の代表も参加している。もちろん、彼らの権利は天から降ってきたものではなく、長年にわたる権利要求の争いのなかで勝ち取ったもので、その根底には自治体による水道事業への強い関心がある。

つまり、自治体に対する住民・利用者の関心の高さ、言い換えると地元への意識が強かったことが、ドイツとブラジルで「水道民営化」にともなう問題が抑え込まれやすい制度が発達した、根本的な理由といえる。自治体と民間事業者が住民・利用者の代表と情報を共有し、その意見を水道行政に反映する仕組みは、再公営化後のパリでも導入されている。

翻《ひるがえ》って日本の状況をみれば、地方選挙で投票率が3割前後にとどまることも珍しくない。これは多くの住民が、性善説に基づいて自治体に白紙委任しているに近い。地元への意識が利用者の間で低いことこそ、日本で「水道民営化」にともなう問題が発生しやすく、問題が発生しても軌道修正が難しいとみられる、最後にして最大のポイントなのである。

# あとがき

アフリカ研究を専攻する筆者が初めてアフリカの地を踏んだのは、今から25年以上前のことだ。安全上そのままでは水道水を飲めないばかりか、蛇口から少しずつしか出ない水をみて、世界中どこでも$H_2O$は同じでも、水道のあり方は国ごとに異なることを実感した。

これは「水道民営化」のあり方についてもいえる。各国での「水道民営化」は、その国が国際的にどんな立場にあるか、政府がどの支持基盤を優先させているか、消費者の利益や権利を保護する体制が整っているか、自治体がどの程度独立しているかなどによって異なる。つまり、「水道民営化」は、その国の写し鏡といえる。

日本の場合、そこに写し出される姿は、必ずしも明るいものではない。海外の多くの事例と比べても、民間事業者の裁量の余地を大きく認める2018年改正水道法は、世界の水ビジネスに打って出ようとする企業にとっては福音かもしれないが、利用者や自治体の利益になるかは疑わしい。それだけでなく、法改正にあたって国民に対する説明も不十分であることからは、新自由主義的なイデオロギーに固まった政府が、先行事例に関する科学的な検証や合理的な思考をおざなりにしたことがうかがえる。さらに、消費者の利益や権利を守る制度が整っていないことは、暗い展望に拍車をかけている。

その一方で、日本の「水道民営化」は、このような政府の姿勢や社会の仕組みだけでなく、利益や権利を守る国民の意識も問いかけている。そこには、水道事業が火の車であることに関する認知度が低いことだけでなく、地方政治に対する関心が低いことも含まれる。

繰り返し述べたように、水道事業のパフォーマンスを向上させ、持続的なものにするためには、ただ規制を緩和するより、問題や手続きを可視化する方が、はるかに重要だ。もともと日本の水道料金が安いことを考えると、公営であれ民営であれ、将来的に負担が増加することは避けられないとしても、適切な監視や監督がなければ、最終的なプリンシパルである利用者に必要以上の負担がのしかかるだけでなく、ムダも増えるとみた方がよい。

これを避けるため、公的機関に実効的な監視・監督を行わせる最大の圧力は、究極的には住民・利用者の関心である。言い換えると、「水道民営化」は、国家の写し鏡であるだけでなく、国民の写し鏡でもあるといえるだろう。

**六辻彰二**（むつじ・しょうじ）

1972年生まれ。博士（国際関係）。国際政治、アフリカ研究を中心に、学問領域横断的な研究を展開。横浜市立大学、明治学院大学、拓殖大学などで教鞭をとる。著書に『イスラム　敵の論理　味方の理由』（さくら舎）、『世界の独裁者―現代最凶の20人』（幻冬舎）、『対立からわかる！最新世界情勢』（成美堂）、共著に『21世紀の中東・アフリカ世界』（芦書房）。他に論文多数。政治哲学を扱ったファンタジー小説『佐門准教授と12人の政治哲学者―ソロモンの悪魔が仕組んだ政治哲学ゼミ』（iOS向けアプリ／Kindle）で新境地を開拓。Yahoo!ニュース「個人」オーサー。NEWSWEEK日本版コラムニスト。共著に『21世紀の中東・アフリカ世界』（芦書房）。

ベスト新書
601

# 日本《にほん》の「水《みず》」が危《あぶ》ない

二〇一九年三月二五日　初版第一刷発行

著者◎六辻彰二《むつじしょうじ》

発行者◎塚原浩和
発行所◎株式会社ベストセラーズ
東京都豊島区西池袋五-二六-一九
陸王西池袋ビル四階　〒171-0021
電話　03-5926-6262（編集）
03-5926-5322（営業）

装幀フォーマット◎坂川事務所
装幀◎フロッグキングスタジオ
図版◎張遜
印刷所◎錦明印刷
製本所◎ナショナル製本
DTP◎オノ・エーワン


ISBN 978-4-584-12601-1 C0236